马锐 著

底气

Confidence

中国文史出版社
CHINA CULTURAL AND HISTORICAL PRESS

图书在版编目（CIP）数据

　底气：遇见完整且松弛的自己 / 马锐著. — 北京：
中国文史出版社，2024.1
　ISBN 978-7-5205-4596-9

Ⅰ.①底… Ⅱ.①马… Ⅲ.①成功心理—通俗读物
Ⅳ.①B848.4-49

中国国家版本馆CIP数据核字(2023)第251431号

责任编辑：卜伟欣

出版发行：中国文史出版社
社　　址：北京市海淀区西八里庄路69号院
邮　　编：100142
电　　话：010—81136606　81136602
　　　　　　　81136603（发行部）
传　　真：010—81136655
印　　装：廊坊市海涛印刷有限公司
经　　销：全国新华书店
开　　本：32开
印　　张：8.25
字　　数：145千字
版　　次：2024年3月北京第1版
印　　次：2024年3月第1次印刷
定　　价：49.00元

三十岁的我想教给你的
是我二十岁时最想要明白的道理

前言　　马锐

努力 + 松弛的乐享 = 幸福 = 底气

我无数次庆幸自己所喜欢并选择的是一份美好的事业，不仅因为它是一个追求时尚和潮流、关注细节与完美的行业，还因为它是一个传递幸福与自信的行业。

大千世界，万物有灵且美，可是都不及女性的美。美业使人们尤其是女性变得更加美丽，世间从此多了许多飞扬的自信。当女性变得更加美丽，她们的自信、积极、善良和启发的力量将会像涟漪一样传播开来，影响整个世界，使世界因为她们而变得更加光明和美好。

眼见这些年来，由于各种电视与媒体的曝光，越来越多的人因为我而喜欢上化妆，这让我感到很有成就感。于是我发愿，不止在化妆方面，我希望自己未来能够帮助中国女性真正学会如何更爱自己，使自己更加幸福，因为幸福是女性最大的底气，可以为女性提供内在的力量和自信，让她们更好地面对各种挑战和压力。

在男女平等的当下，比起男性普遍追求事业成功，女性对幸福感的追求更加迫切。这可能是女性的生理特点造成的，她们天生比男性更敏感、更脆弱，情感更细腻，所以更倾向于关注幸福和情感健康，追求一种情感普及和共鸣。

都说"女性的幸福能创造全世界的幸福"，我深以为然。因为女性在家庭中通常是情感支持和组织协调的核心，她们的幸福和情感健康能够影响整个家庭的幸福氛围，进而传递到社会其他领域；女性在教育和培养下一代方面的责任更加重大，她们的价值观和幸福态度能够对年轻一代产生深远影响，从而在未来创造更多的幸福；女性在社会中同样扮演着各种角色，包括职场、社区等，她们的幸福和积极性可能在这些领域扩散，从而对整个社会产生正面影响。所以，正如女性的美丽能为世界增添亮色一样，女性的幸福关乎全世界的幸福。

然而，长期以来，很多女性走入这样的误区："只要出现完美而正确的男性，我就会变得幸福。""只要变得更漂亮，我就会变得幸福。"不，幸福与美丽的最大区别就在于，美丽大多在外，而幸福总是在内。别人看见的幸福不一定是真的幸福，你从内心深处感知到的幸福才是真正的幸福。

可是不知道从何时起，幸福之于女性，已然变成一个沉重的话题。在这个日新月异的时代，万物都变得更加光鲜亮丽，唯有幸福变得越来越难求。为什么会如此？因为社会对女性的要求越来越高。

在当今社会，女性常常面对来自多个方面的挑战，包括职业、家庭、社交等多重压力。她们不仅承担着照顾家庭的责任，还要追求个人事业的发展。家庭工作两不误成为当代女性的理想典范，也是许多中国女性渴望实现的目标。然而，兼顾家庭和事业给女性所带来的收获就能使她们完全幸福吗？并没有。君不见多少成功女性过得并不幸福，有的甚至有抑郁、自虐倾向。为什么？因为她们在获得成功的过程中，往往要遭受巨大的压力。这些压力使她们在纷繁的生活中总是紧张和焦虑，从而无法感受到真正的幸福。因此，我认为幸福不仅仅是取得外在的成就，还要能够以一种自洽和松弛感去乐享人生。

不可否认，大多数女性都很拼，可是折腾了很久，最后才发现人生依然是迷茫和不知所措的，因为她用力过猛。不管是事业还是家庭，她们热情澎湃、全力以赴，力求做到最好甚至完美，她们把自己的弦绷得太紧，哪怕已经成功，却不自知，或者及至圆满，却不满足，更甚的是，即使满足，却感觉不到幸福。她们失去了完整的自己。

许多女性致力于事业和家庭的拼搏和努力，永不停歇，有时候这种过度的努力反而使她们在追求成功的过程中忽略了自己的内心需求和情感状态。因为过度的追求完美和过于高涨的热情可能会使她们感到压力过大，最终导致身心的疲惫和失去内心的平衡。这种状态使她们无法真正享受自己所取得的成就，或者在成功之后感到空虚和不满足，从而导致她们失去与自己内心的连接，无法真正体验到幸福和满足。

植物在经历开花之后，会进入一种放松的状态，从而得以储备能量，为未来的生长做准备。同样，女性也需要适时地放松和平衡自己的生活，以便重新获得内心的平静和充实感。这种状态可以帮助她们更好地认识自己、关注内心需求，并从中汲取力量，以更健康的方式追求自己的目标。

我写作本书的目的是想告诉女性朋友们，有些东西就像握在手中的沙子，抓得越紧，失去的反而越多。任何时候都不要把自己的弦绷得太紧，当你以一种松弛感去生活，反而收获更多。松弛感会让你认识到真实的自己，找到属于自己的节奏，不慌不忙，自带光芒。

松弛感来自何处？来自身体的放松、情绪的调适、独处的空间、压力的减少、对不完美的接受，等等。它既是个性的保持，也是心灵修炼所得。它使你做事不再用力过猛，不再与他人比较，不再刻意证明自己或讨好别人，专注自己的内心，保持自己的节奏。松弛感绝不会使你拉垮，而是使你在忙碌中有笑容，在悲伤时有勇气，在成功时能够感受幸福，它使你远离疲惫和焦虑，使你生动，使你做你自己，使你永远充满底气。

好吧，亲爱的女孩子们，请收下我为你们准备的这本幸福秘籍吧。没有那么多煽情，没有那么多说教，只有实用的法则，向你们披露幸福的密码。希望你们可以耐心地打开它，循着那些朴素的文字，收获重重惊喜，最后得到那支幸福的魔法棒。

我当然希望你们幸福，但是我无法赐福，所以我愿做你们幸福的守护者。

我是马锐。

contents\\ 目录

1

喜欢自己，
才是
人生的开始

2

假如我认为
能够，
我便能够

3

能真正助我的，必是精品

4.

一个人最大的胜利，是战胜自己

5

我不关注别人，
我只想大方做自己

6

爱自己，
就爱惜好自己的羽毛

松弛的自己

遇见完整且

底气

1

喜欢自己，才是人生的开始

01

你知道自己有多好吗？

有机构在网上发起问卷调查："请说出你的三个优点。"

收到的答案五花八门。有人对自己的优点如数家珍，一口气列出一二十个仍停不下来，有人却称自己好像没有什么优点，缺点倒是一大堆。

这就是问卷调查者的目的：你能正确认知自己的优点吗？你知道自己有多好吗？

优点是什么？就是一个人的长处，一个人的发光点，是所有能带给你正向反馈的特点。人怎么可能没有优点呢？暂且不说别的，就凭你勇敢地活着，就已经打败了那些不堪忍受生命重负而结束生命的极端主义者。努力活着的你，如果不知道自己有多好，该有多亏呀！

我们来看看该机构收集到的调查结果。

我很漂亮（自恋本尊）。

眉毛很好看，从来不用修，眼睛的颜色也很特别。

冷白皮，怎么都晒不黑。

完全不挑食，吃嘛嘛香，好养得很。

有一双公认的漂亮手。

有一头男孩子的"梦中情发"，哇，又顺又滑。

一米五五，小鸟依人，人见人爱。

声音超好听。

免疫力超强，活了二十多年基本上没生过病。

有一对超恩爱的父母，哈哈！

睡眠质量一级棒。话说失眠是什么鬼？

……

看看，这都是天生的优点啊，我不相信你一个也没有。

有人可能会问："这也算优点？"当然了，天生的优点是上天的眷顾，并不是见者有份，所以这是专属的幸运。一个人的好不需要是世俗意义上的好，而是他自己觉得好。正如给出以上答案的人，不管我们觉得这些优点是否有用，但至少带给他本人内心的满足感，这就是他的优点。

我们再接着往下看，还有更多优点。

地理非常好，人称活地图。

记忆力超棒，英语单词几乎过目不忘。

作文总是惊艳全班。

我会写歌，最爱写弦乐四重奏。

演说界的种子选手，我看好我自己。

热爱收集落叶标本，对植物分门别类驾轻就熟。

哄小孩十级选手。

东北血统，社交达人。

长相平凡但从不焦虑。

从不敏感，性格皮实。

爱笑的女孩。

腹有诗书，人称才女。

特别爱我自己。

……

可以看出，这些都是后天的优点。平心而论，每一个都不是什么惊天动地的优点，可是看起来却特别感人，似乎能看到这些优点后面都有一张得意的脸。那些能看到自己有多好的人，内心都会特别富足，因为他不会为了自己没有什么而感到失落，而是为了自己拥有什么而感到幸福。

那你呢？你当然不会没有优点，而是没有发现自己的优点，就像在一个勤快人的眼里，勤快不是优点；在一个厨艺绝佳者的眼里，会做饭也不是优点一样。你不知道自己有多好，是因为你没有发现自己的好，你向来认为自己"一无是处"。

把优点变成优势

为什么要发现自己的优点？因为优点可以转化为你的优势，它不仅仅给你的内心带来满足感，还可以给你带来价值，帮助你成长。

电影《了不起的盖茨比》中有一句台词："在这个世界上，并不是所有人都拥有你的那些优势。"优势是什么？就是比对方有利的形势，它可以成为你的底气。不过遗憾的是，很多人并不了解自己拥有什么优势。

我们都知道，鸽子是一种非常温顺的鸟儿，象征着和平，是人类的好朋友，在古代能帮助人们千里传书；而鹰则非常凶猛，它那锐利的眼神、强壮的翅膀、锋利的脚爪往往令人发怵，所以有一个词语叫作"鹰视狼顾"。那么，当鸽子遇上鹰，就一定会是穷途末路吗？其实不然。有科学家通过实验证明，鸽子向上滑行的速度极快，鹰远远不及。当二者狭路相逢时，只要鸽子向上滑行，就可以轻松逃过鹰的追捕；但是如果鸽子慌不择路地向下逃逸，鹰利用俯冲时巨大的冲击力抓住它就易如反掌。这时候，对于鸽子来说，知道自身优点的重要性就显现出来了，至少关键时刻能够救命。

生活中也一样。比如有人想学画画，然后就去学水粉，结果把颜料弄得乱七八糟。后来他改学素描，没想到一下子就上了手，最后竟获得9级证书。由此可见，每个人都有自己的优势，只是很多时候并不自知。

现代管理学之父彼得·德鲁克曾说："绝大部分人穷其一生去弥补劣势，却不知道从无能上升到平庸所要付出的精力之巨，远远超过从一流提升到卓越所要付出的精力。只有依靠优势，方能实现卓越。""优势理论"正是在这一理论基础上确立的。"优势理论"认为，弱点会妨碍一个人的出色发挥，所以要"发挥你的优势，无论什么优势；控制你的弱点，无论什么弱点"。

如何发现你的优势？

每个人都有自己的优势和独特之处，但是有时候我们可能会忽视或低估自己的优点。以下的一些方法，也许可以帮助你找到自己的优势：

1. 自我反思：花些时间深入反思，回顾自己的经历、技能、兴趣和成就。思考你在过去的生活或工作中表现出色的地方，以及别人对你的赞赏和认可。这种自我反思可以帮助你识别自己的潜在优势。

2. 向他人征求意见：寻求他人的反馈和意见，特别是那些你信任和尊重的人。他们可以提供关于你的优势和特长的有价值的观察和洞见。他们可能会看到你自己忽略或忽视的方面。

3. 自信和积极心态：保持积极的心态，相信自己具备某些优势和潜力。积极的心态可以激发你去探索和发展自己的潜能。相信自己是有价值的，这种信念可以帮助你发现和发挥自己的优势。

4. 尝试新事物：通过尝试新的活动、项目或领域，你可以发现自己的兴趣和潜力所在。尝试新的经历可以帮助你了解自己的优势和学会不同的技能。逐渐探索和发展你感兴趣的领域，你可能会发现自己在某些方面表现出色。

5. 寻求专业评估：如果你对自己的优势感到困惑或迷茫，你可以寻求专业评估，如职业咨询师、心理学家或导师的帮助。他们可以通过测试、评估和对话，帮助你发现和理解自己的优势和潜力。

你只需要记住，每个人的优势都是独一无二的，不要将自己与他人直接比较。重要的是认识到自己的价值和潜力，并将其应用于你感兴趣和努力追求的领域。发掘自己的优势将有助于提升自信，增加底气，并在个人生活和职业生涯中取得更好的成果。

不要百花齐放，只要一枝独秀

当然，优势不在于数量的多少，而在于质量与精确性。在许多情况下，拥有少量高质量的东西要比拥有大量低质量的东西更具优势。比如：

1. 知识：拥有广泛的知识可能会使你在某些方面变得有竞争力，但是更重要的是深入理解和精通一两个领域。专注于某个领域，你可以获得更深入的见解，从而在专业中取得成功。

2. 技能：掌握一项关键技能并将其发展到高水平通常比拥有多种一般技能更有竞争力。通过专注于特定技能的提高，你可以成为该领域的专家，从而在职业生涯中获得更多更好的机会。

3. 时间管理：集中精力于最重要的任务和目标上，而不是试图同时处理太多事情，可以提高效率和产出质量。优先选择关键任务，处理它们并使其达到最高标准，比同时处理多个任务更有可能取得成功。

4. 人际关系：与少数真正有价值的人建立牢固而有意义的关

系，通常比与大量人浅尝辄止地交往更有益。与少数关键人物建立深入联系，可以获得更多的支持、合作和机会。

总之，专注于精确性和质量比广泛而浅显的广度更具优势。这并不意味着数量完全没有意义，但质量和精度通常是取得成功和获得优势的关键因素。

所以，女性一定要知道自己有多好，要相信每个人都有自己独特的才华和优点，并鼓励自己发展和展示这些优点，从而使你更加坚定地追求自己的目标，在生活或工作中取得成功，使自己更加幸福。正如爱默生所说："一个人对这个世界最大的贡献是让自己幸福起来。心流是最高级的快乐。那一刻，你的潜能得以发挥，有如神助。"

02

探寻内心的火焰：寻找你的激情

有这样一则寓言故事：

贞观年间，长安城一隅有一家磨坊，磨坊里有一匹马和一头驴子。马被用来拉东西，在外面辛勤劳作，驴子则被安置在磨坊里一刻不停地拉磨。

有一天，奉诏西行取经的玄奘大师来到了磨坊，选中马作为他西行的伙伴。于是，这匹马随着玄奘大师踏上了漫长的西行之路。

17年后，这匹马背着珍贵的佛经回到了长安城。它重返磨坊，与一直守在那里的驴子相见。当驴子听到老马讲述旅途的经历时，不由惊叹道："你见识了多少世间的奇迹啊！那么遥远的路途，我甚至不敢想象。"

老马回答道："其实，我们所跨越的距离是相同的。当我向西域前进时，你也从未停下脚步。不同之处在于，我与玄奘大师拥有一个共同的远大目标，因此我们走入了一个广阔的世界。而你被蒙住了眼睛，一直围着磨盘打转，所以永远走不出这小小的磨坊……"

花 17 年时间做一件事情，有多少人能够做到呢？玄奘大师和马之所以能坚持下来，除了使命感（忠诚），另一个原因就是激情。

玄奘大师对佛法的热爱使他对取经任务充满了热情和动力。他渴望深入了解佛教的真义，希望将正统的佛教经典带回中土，为人们普及佛法。这种激情使他愿意放弃舒适的生活和安逸，勇敢地面对危险和艰辛。

而相比温顺的驴来说，马通常更活跃、热情和敏感。它的行动较快，反应较敏锐，奔跑速度极快，所以它本身的个性就表现出了强烈的激情。

所以，正是出于对此行目的的热爱和激情，玄奘大师和马在西行之旅中经历了无数的困难，包括恶劣的天气、艰险的山路、凶险的野兽、饥饿和疾病等，最终战胜一切，圆满完成任务。

如果要我们选择，可能谁也不愿做拉着磨原地转圈的驴，都要做激情四射的马,朝着自己的"目标"飞奔而去。

激情使你工作就像谈恋爱

激情作为一种强烈的情感状态或内心动力,通常伴随着强烈的情绪和兴奋感。当一个人对某个目标或某次行动充满激情时,他们通常会感到兴奋、热衷,并立刻投入其中。这种激情可以给予他们底气,即对自己能够成功实现目标的信心。

比尔·盖茨说:"当我每天早上醒来时,一想到自己所从事的工作和所开发的技术将会给人类生活带来巨大的影响和变化,我就会无比兴奋和激动。"所以他认为,对工作充满激情的人,永远是商界最受欢迎的人。

李开复任微软亚洲研究院院长的时候,在谈到微软员工的工作激情时说,一名微软员工常常在周末时开车外出,声称要去见自己的"女朋友"。有一次周日,李开复在办公室看到了这名员工的身影,便问他:"你不是要与女朋友约会吗?怎么到公司来了?"员工便指着电脑好整以暇地说:"它就是我的女朋友呀!"原来他是与工作谈恋爱呢!

我们可能永远无法忘记科比的黑曼巴精神和他曾看到的洛杉矶每天凌晨四点的样子,他不但通过勤奋和执着点燃了自己的篮球激情,也激励着无数人为了梦想而努力。

激情可以激发人们的创造力、决心和毅力，推动他们战胜困难、克服挑战，并为自己的目标奋斗不懈。

对雕刻的热爱和激情使雕刻艺术家米开朗琪罗沉迷于创作，几乎没有时间好好休息和进食。

自从爱上雕刻，米开朗琪罗对艺术的追求超越了一切。对作品的完美追求使他沉浸其中，他常常爬上高高的梯子，在高处细心打磨、雕刻作品。他经常连续工作，舍不得放下刀具和石块，这种激情和专注使他不顾疲劳和饥饿，只会在实在无法忍受时才咬几口面包充饥。对他来说，艺术创作比一切都更重要，他愿意为之付出一切。

由此可见，激情可以使人对工作保持热爱，至精至诚，并在其他多个方面产生积极的影响。比如：

1. 动力与投入：激情使人们充满动力和热情，愿意全身心地投入到工作中。当人们对工作充满热情时，他们更有动力去追求卓越，展现出更高的工作热情和积极性。

2. 创造力和创新：激情可以激发人们的创造力和创新思维。当人们对工作充满激情时，他们更容易产生新的想法和解决问题的创新方法，并能够更加勇于尝试新的工作方式和创意。

3. 持久力和毅力：激情可以增强个体的持久力和毅力。面对挑战和困难时，激情使人们保持积极的态度，坚持不懈地克服困难，继续追求目标，不轻易放弃。

4. **快乐和满足感**：激情使人们感受到工作的乐趣和满足感。当人们对工作充满激情时，他们就会从工作中获得更多的快乐和满足感，享受工作过程中的成就感。

5. **自我成长**：激情对工作的积极影响还体现在个人成长和发展上。激情驱使我们不断学习和提升自己的能力，追求进步和提高，促使我们在工作中获得更大的成长和发展。

不过，工作的激情也需要适度地平衡和控制。膨胀的激情可能导致过度紧张、疲劳和失去平衡，对身心健康造成负面影响。

不遗憾的人生就是，只要你想，就去做

兰迪·波许（Randy Pausch）是卡内基梅隆大学的一名计算机科学教授，他在 2007 年因为患有晚期胰腺癌而被告知寿命仅剩几个月。2007 年 9 月 18 日，他应卡内基梅隆大学的邀请，在校内举行了一场名为《真正实现你童年的梦想》的演讲。

在这次演讲中，兰迪·波许分享了自己的人生哲学和如何实现梦想的经历。他谈到了童年时的梦想、个人成长、家庭、教育以及如何面对挑战和困难。尤其强调了人们应该珍惜时间，积极追求自己的激情。

……我想给你们关于如何过好这一生的唯一建议是——虽然这已经是陈词滥调了——我们临终时不会后悔自己曾经做过的事情，而是后悔我们没有去做的事情。

我做过许多愚蠢的事情，但是它们并没有使我困扰。所有错误的、愚蠢的和尴尬的事情都是无关紧要的。重要的是，我可以在回顾过去时说，"几乎每次有机会做一些很酷的事情时，我都努力抓住了"，这就是我倍感慰藉的地方。

虽然这次演讲是计划之外的，但我认为有一个词很合适，那就是"激情"。你需要找到你的激情。你们中的许多人已经找到了，许多人将来会找到，许多人可能需要到30岁或40岁才能找到。但不要放弃寻找。因为如果你放弃寻找，你就只是在等待死神的到来。去寻找到你的激情，并追随它吧！

如果有什么是我在生活中学到的东西，那就是我们不会在物质中找到激情，也不会在金钱中找到激情。因为你拥有的物质和金钱越多，就越有可能把它作为衡量周围世界的标准，然而总有人比你拥有更多。

所以，你的激情必须来自你的内心。荣誉和奖赏是好东西，但只有在它们出自同行真正的尊重时才显得重要。对我来说，能够得到我所尊重者的认同就是最大的荣誉。

找到你的激情。根据我的经验，无论你从事什么工作，身处什么场合，这种激情都与人有关。它将根植于你与他人之间的关系，以及当你离开世间时人们对你的看法。

如果你能赢得周围人的尊重，就会拥有激情和真爱。

兰迪·波许的这场演讲轰动全球，最后还被整理成一本畅销书——《最后的演讲》（*The Last Lecture*），成为激励人们追求梦想的指南。虽然他本人于次年7月去世，但他却了无遗憾，因为那些他想做的事都做了，他无悔于激情燃烧的一生。而他的激情人生和激情演讲，则继续为人们带来启示和鼓舞，鼓励人们以积极的心态面对生活中的挑战。

每个人的生命归途都是一样的，生命之路的长短也不是我们可以决定的，但是生命的状态和质量却由我们自己做主。如果无波无痕地走完一生，那么你的入世和出世将毫无意义：虽然这世界你来过，却不曾真正拥抱过。

女人最好的生活方式，就是永远保持激情

激情是每个人必须具备的心理因素，尤其是女性。

为什么要强调女性的激情呢？因为女性作为情感动物，更容易受到激情的感召。女性的天性多柔情，所以遇事有优柔寡断、瞻前顾后的弊端，但是激情就很猛烈，它能中和这种柔情，打破

你原有的犹豫和顾虑，以及其他一些认知障碍和情感障碍。不管是在工作还是生活中，女性一旦拥有激情，就比男性更容易调动身心的巨大潜力。总的来说，激情是一种力量，可以使你冲破原有的固定思维，具备改变认知、改变习惯、改变心智和思维模式的动力。

我接触过一些女性，年龄不太大，也就三十岁左右，有家庭有工作有孩子，日子倒是过得风平浪静。可是，这种波澜不惊的生活状态真的好吗？她们按部就班地工作和生活着，严格遵守一张精确的时间安排表度过每一天，什么郊游啊、打球啊、聚会啊，全都没有兴趣。用她们的话来说，工作和家庭之外的人和事儿都是麻烦，多一事不如少一事，落得清闲。

看吧，估计报纸上年薪百万的招聘广告她们也懒得看上一眼，因为她们不想折腾。这是很多三四十岁女性的生活现状，拥有家庭和工作以后，她们就开始"躺平"，觉得保持现状是最安全的。这就是典型的失去了激情。对于女性来说，这样的生活方式自然不是最好的。更重要的是，它还会影响家庭其他成员的生活质量。因为女主人失去了激情，可能会对整个家庭的氛围产生负面影响，比如：

1. 缺乏动力和热情：当女主人失去激情时，她可能会变得缺乏动力和热情。这可能导致她在做家务、照顾家人和管理家庭事务方面变得不积极和不投入，影响到整个家庭的运转和生活质量。

2. 情绪低落和消极情绪传递：失去激情可能导致女主人情绪低落，消极情绪在家庭成员之间传递。她的情绪状态会影响到家庭的氛围和人际关系，导致整体气氛变得压抑和不愉快。

3. 缺乏组织和规划：激情可以帮助女主人拥有积极的组织和规划能力。如果她失去了激情，可能导致家庭事务的混乱和缺乏有效的管理。这可能给家庭成员带来压力和困扰。

4. 缺乏激励和榜样：女主人的激情可以成为家庭成员的激励和榜样。她的积极能量和热情会激发家庭成员的动力和创造力。如果她失去了激情，可能会减少家庭成员的激励来源，影响到整个家庭的发展和成长。

因此，女性保持激情对于整个家庭的氛围和家庭成员的幸福感至关重要。保持激情可以带来积极的影响，可以帮助女性明确并追求自己的个人目标；可以为女性提供持续的动力和活力；可以帮助女性实现自我的不断成长；可以对周围的人和社会产生积极影响，还能增加女人的幸福感和底气。

那么，如何寻找内心的激情呢？以下的一些方法和建议也许可以帮助到你：

1. 自我意识和自我觉察：花时间思考自己的兴趣、价值观和内在驱动力。问自己：什么事情使我充满活力和热情？我对什么事情感到特别渴望？这种意识和自我觉察可以帮助你明确自己的激情领域。

2. **倾听内心的声音**：仔细聆听内心的声音和直觉，它们可能指引你朝着真正激动你的事物前进。有时候，你内心深处的声音会告诉你什么是真正对你有意义和激情的。

3. **探索个人优势**：审视自己的优势、天赋和技能，思考如何将它们与你的兴趣和激情结合起来。通过发挥自己的优势和独特之处，你可能能够找到一条与自己的激情相关的道路。

4. **与他人交流和学习**：与志同道合的人交流，分享彼此的激情和兴趣。参加相关的社群活动、工作坊或学习机会，与他人互动和学习，可以帮助你发现新的激情领域，并从他人的经验中获得启发。

5. **接受挑战和逆境**：有时候，面对挑战和逆境可以激发出你的激情。不要害怕挑战和失败，要将其视为成长的机会和发现新激情的路径。

不过务必记住，寻找个人的激情是一个个体化的过程，它可能需要时间和实践。保持开放的心态，积极尝试和探索，你会逐渐探寻到内心的火焰，发现自己的激情所在，并能够追求和实现与之相关的目标和梦想，使你的人生道路充满底气。

03

爱你阳光的一面，接纳你阴暗的一面

心理学家荣格说："对于普通人来说，一生最重要的功课就是学会接受自己。"请注意，是接受，不是肯定。

为什么不是肯定呢？肯定自己似乎没有错呀！我们不是经常听到"要肯定自己"的口号吗？

在《被讨厌的勇气》一书中，作者引用了奥地利心理学家阿尔弗雷德·阿德勒的观点：自我接纳不是自我肯定，二者有着本质的区别。

盲目的自我肯定是对自己撒谎

阿德勒认为，自我肯定是对自己的认可，除了尊重事实的真正的自我肯定，还有盲目的自我肯定，即面对自己明明做不到的事情，仍然坚持暗示自己"我能做到"或"我很厉害"，这其实是对自己撒谎，是一种容易导致优越情结的自欺欺人的行为。

《庄子·人间世》里说："汝不知夫螳螂乎，怒其臂以当车辙，不知其不胜任也。"这就是成语"螳臂当车"的出处。意思是说，做力所不能及的事情，必然招致失败，就如同螳螂举起前肢企图阻挡车子前进一样。这就是盲目的自我肯定，也可以说是盲目自信，它可能导致我们忽视现实、孤立自己、错误地自我评估，或者造成他人的不信任并失去机会。

那么，哪些属于盲目自我肯定的行为呢？以下列出一些行为可供参考：

1. 自我吹嘘：不顾实际情况夸大自己的成就或能力，以求得他人的认可和赞同，而不考虑真实性或客观性。

2. 拒绝接受反馈：对于他人提出的建议、批评或反馈，完全拒绝或无视，并坚持自己的观点和行为，不愿意接受任何可能的改进。

3. 自我标榜：过度强调自己的优点或特长，将自己视为比他人更出色或更优秀的人，而忽视其他人的贡献和价值。

4. 忽视个人成长：对于自己的错误、失败或挑战，不进行反思或学习，而是将其视为无关紧要或忽略不计。

5. 不尊重他人： 以自我为中心，不顾及他人的感受、需求或权益，只追求自己的利益和满足。

这些行为可能表明一个人存在以自我为中心、自大、缺乏自我反省和成长意识的倾向。真正的自我肯定应该建立在对自己的全面了解、接纳自己的优点和不足，以及积极地努力成长和发展的基础上。它应该与谦虚、尊重他人和持续学习相结合，以实现真正的自我成长和健康发展。

自我接纳是心理层面的允许

阿德勒认为，自我接纳是一种能力和态度，表明个人愿意接纳自己的全部，包括自己的缺点、错误和不完美之处。这意味着个人不再试图逃避或否定自己的阴暗面，而是勇敢地面对，并从中学习和成长。

我在给客户做造型的时候，会经常听到客户抱怨说，"哎，瞧我的单眼皮""你看我的大脸盘子，要多丑有多丑""我最讨厌自己的眉毛，像两条虫子""我的皮肤要是够白就好了"……虽然这种时候，我可以安慰她们说"其实没有不好看呀""挺特别呀"之类的话，但我不会这样说，而是告诉她们："虽然你的这个部位不是最完美的，但那不是什么大不了的问题，我们可以通过造型来解决。"客户听了这样的话，不但不会生气，还会非常配合。这说明什么呢？说明虽然追求完美是人之常情，但是每个人都知道没有十全十美的东西，放到自己身上就是，不完美只要没有被夸大，都比较容易去接纳。

说直白一点，接纳自己不是什么深奥的课题，也不需要心智上的努力，它只是心理层面的允许。它涉及在内心深处接受自己的全部，包括自己的情绪、想法、特点、优点和缺点等方面。自我接纳是一个积极的心理过程，它包括以下几个方面：

1. 接纳内在体验：自我接纳意味着允许自己感受和体验各种情绪，无论是积极的还是负面的。这包括快乐、愤怒、悲伤、焦虑等情绪，而不是试图否定或抑制它们。

2. 接纳自身特点：自我接纳还意味着接受自己的个性特点、倾向和偏好。它包括认可自己的优点和弱点，承认自己的特殊之处，并将其视为独特性的一部分。

3. 接纳过去的经历：自我接纳也涉及接受自己的过去经历，包括成功和失败、伤痛和挫折。它意味着从过去的经验中学习，并将其作为成长和发展的机会。

4. 不加价值判断：自我接纳强调不对自己进行过分的价值判断。它意味着避免将自己的价值和自尊寄托在外部的认可或与外部的比较上，而是从内心深处感受到自身的价值和值得尊重。

自我接纳是一个重要的心理过程，它可以帮助个人建立内在的和谐和平衡。通过接受自己的全部，个人可以减少自我批评、增强自尊和底气，以及更加真实地生活和与他人建立更有意义的关系。

不要把内在的阴影藏起来

美国畅销书女作家、自我成长导师黛比·福特（Debbie Ford）在《接纳不完美的自己》一书中写道："爱自己，是一生最浪漫的开始。"

如何爱自己？黛比·福特给出的答案是：爱你阳光的一面，接纳你阴暗的一面。

黛比·福特本人因为在阴影工作（Shadow Work）领域的贡献而闻名。而她的阴影工作理论正是基于荣格的理念。荣格认为，个体心理具有意识和潜意识两个层面。个体的潜意识中被抑制、不被接受或被忽视的部分，包括胆怯、贪婪、自私、懒惰等特质，都属于阴影。这些阴影使我们恐惧、自卑、压抑。为了掩饰内心的阴影，我们往往会选择欺骗——欺骗别人，也欺骗自己，而这种欺骗总会让我们付出大量的精力。对此，黛比·福特认为，通过面对自己的阴影和接纳自己的阴影，人们可以实现内在的整合和个人成长。

黛比·福特在她的另一本书——《阴影，属于你的生命礼物》

中引用了犹太经典《塔木德》中的一个故事：一个犹太人被要求在一张纸条上写下"我只不过是尘埃粪土之身"，在另一张纸条上写下"整个宇宙只为我而开创"，然后分别将这两张纸条放在两个口袋里，并试着冥想这两句话。经过一番思考之后，他发现这两句话都是对的。

这个故事告诉我们，我本生来渺小又伟大，既有局限和不完美之处，也有无限的潜力和独特的价值。阳光的一面和阴暗的一面就相当于一个人的 A、B 两面，虽然迥然不同，却都是他的真实写照，正如黛比·福特所认为的那样，接纳自己就意味着承认并包容自己内在的阴影、负面情绪和不完美之处，而不是试图掩盖或抵制它们。

约翰·威尔伍德在《爱与觉醒》中将人的内心世界比喻成一座城堡。城堡里有许多房间，每个房间代表着我们的不同特质。

在童年时期，我们勇敢地进入每个房间，但随后大人们告诉我们，有些房间并不完美，应该将房门锁上。于是，我们开始锁住更多的房间，逐渐忘记了城堡原本的样子。

随着时间的流逝，越来越多的人来参观我们的城堡，提出各种意见。为了获得外界的好评，我们锁住了更多的房间。这些上锁的房间代表着我们内心的阴影。然而，如果我们敢于打开这些房间的锁，我们就能够打开内心的大门，寻找到真实的自我。

事实上，任何消极的事物都有积极的一面。我们所经历的每一次痛苦和挫折都是有意义的。如果没有胆怯、自私、悲伤、痛苦、嫉妒等阴暗特质，我们就不会成为今天的自己。真实的自我就是我们眼前的自己。当我们能够接纳内心的阴影，接纳真实而不完美的自己时，我们就不会刻意压抑自己或否定自己，而是根据真实情况引导自己的行为，拥有正向的人生。

当然，这种接纳并不意味着纵容或认可负面行为，而是通过理解和接纳这些部分，更好地与它们和解，实现内在的平衡和个人的完整性。这种接纳的过程可能需要勇气和自我探索，但它可以带来深层次的自我理解和自我接纳的力量，并获得活出自我的底气。

8个心理技巧，帮助女性接纳自己

在现代社会中，女性常常面临来自外界和内心的各种压力和期望，这可能影响她们对自身的接纳和自我价值感。学会接纳自己对于女性来说尤为重要，以下的一些小技巧也许可以在这方面帮助到你：

1. 接纳和塑造自我形象：女性往往面临对身体形象的严格要求和标准。学会接纳自己的身体，无论是外貌还是形体上的特点，都有助于减轻女性的身体形象压力，提高自尊和自信。同时，女性还可以通过改变自己的思维方式与态度来塑造积极的自我形象，展现出内外兼修的魅力。

2.接纳自己阴暗的一面：首先应了解自己的阴暗特质和情感，例如恐惧、愤怒、嫉妒、自私等。认识到这些阴暗特质是人类共同拥有的一部分，而不是只属于个人的缺陷。然后探索自己的阴暗特质的根源。它们可能来自个人经历、文化影响或其他环境因素。通过了解它们的来源，女性可以更好地理解自己，并努力寻找合适的方式来管理和表达这些特质，以避免它们对自己和他人造成负面影响。

3.自我观察和自我反思：意识到自己的情绪、思维和行为模式，并反思自己对自己的态度和评价。通过观察和反思，了解自己的内在世界和自我认知。

4.培养自我关怀和善待自己：学会给自己一些温柔和同情。对待自己的时候，像对待亲密的朋友一样，关注自己的需求、感受和幸福。

5.接纳过去的经历：接受自己过去的经历及其影响，无论是成功还是失败，它都是塑造你成为现在的自己的一部分。接纳过去的经历可以帮助你理解自己，并向前看。

6.停止自我比较：避免将自己与他人进行过度比较。每个人都有不同的经历，每个人都有独特的价值和贡献，将关注点放在自己的成长和进步上，而不是与他人的比较上。

7.培养自我认可：意识到自己的优点、价值和成就，并给予自己赞赏和认可。尽量把注意力放在积极的方面，培养自己的自信和自尊。

8.寻求支持：与亲近的人分享你的感受和挣扎，寻求支持和理解。有时候，与他人交流可以帮助你更好地接纳自己。

总之，每一位女性都有自己独特的特点、能力和兴趣。接纳自己意味着认可自己的个人价值和独特之处，不局限于外貌或社会角色的定义。接纳自己使女性能够在人际交往中展示真实的自己，而不是为了取悦他人而做出改变。同时，她们将更有勇气和底气追求自己的梦想和目标。因为自我接纳可以激发内在的潜能，并鼓励女性展现自己的能力和才华。最重要的是，女性应该学会在自我接纳的过程中与其他女性互相支持和激励。通过建立互相理解和鼓励的社群，女性可以共同创造一个积极、包容和接纳的环境，促进彼此的成长和发展。

04

裹挟伤痛，不如自我和解

　　我曾遇到数以百计的客户，她们大多过着光鲜亮丽的生活，可是深入接触后，她们总会对我说，你别只看这些表面的东西，其实我也有自己的烦恼和痛苦。每当这时候，我都会在心中感叹，原来每个人心中都有枷锁。

　　是啊，人生的旅程不总是美景和好心情，痛苦和困难不可避免。而内在的恐惧、痛苦、挣扎、不安或自卑等负面情绪如果没有得到纾解，就会成为每个人心中的枷锁，锁住了自由，剥夺了快乐。这些"枷锁"可以是各种形式的，如情感上的困扰、心理上的负担、社会压力、自我限制或过去经历带来的创伤，它们可能阻碍我们的成长、自我实现和幸福。

所以，我们经常说，人生是一场修行。在这场修行中，我们努力面对和解决情感上的困扰，如恐惧、焦虑、悲伤等；我们努力应对心理上的负担，如自卑、自我怀疑、负面思维等；我们努力应对社会压力和他人的期望，以保持真实的自我；我们努力超越自我设限，探索自己的潜力和可能性；我们努力面对过去的创伤，疗愈内心的伤痛，走向自我和解与成长。

与伤痛和解，走出痛苦

了解我的人都知道我有着什么样的出身和什么样的童年。对于我来说，成长的路虽然还很漫长，但其实我对自己的现状挺满足，挺感恩。为什么呢？因为我庆幸自己挣脱了童年不幸的枷锁，成为一名心中向阳的少年（中年，哈哈）。

在我求学期间，我最爱读毛姆的《人生的枷锁》，这也是对我的一生影响较大的一本书。因为我和书中主人公菲利普的童年命运实在太像了。

菲利普出生时患有驼背症，这使得他的身体畸形，并且他的一只脚比另一只脚要短。更加不幸的是，他的父母早亡，他很小就被寄养在大伯家里。

菲利普在寄养家庭里并没有得到关爱和关注。他的大伯对他的存在持冷漠和漠不关心的态度。他们并没有对菲利普的身体缺陷给予理解和接纳，反而对他抱有偏见和不满。再加上经常受到其他小朋友的嘲笑和排挤，所以他的童年一直在自卑和孤独中度过。

身体的残疾是菲利普的心魔。因为在整个求学期间，不管是同学和老师，都会拿这件事嘲讽他，所以直到他成年参加工作以后，一听到"跛脚"两个字还会心惊肉跳，就像犯了滔天大罪。

他是多么渴望自己的双脚能够变得正常啊，为此曾整夜跪在地上，祈求上帝恩赐。最后，上帝的无动于衷令他绝望，他对自己的恨又更深了。

直到有一天，在菲利普从医的诊所，来了一个跛脚的小男孩。小男孩活泼可爱，在他身上丝毫看不出自卑的样子，连沮丧也没有。他还毫不避讳地谈起自己的跛脚，认真地对菲利普说："我觉得这只脚只是不那么好看，并没有什么不方便啊。"

小男孩的乐观态度给成年的菲利普上了一课，他突然豁然开朗，心中痛苦的枷锁一下子就开解了。是啊，跛脚只是不好看，有什么大不了的呢？还不是照样能走路？

从那以后，他可以平静地和别人谈论自己的身体缺陷，有时候还会自我调侃。他生命中的阴云消失无踪，幸运很快就来敲门了。

除了没有身体的残疾，我的童年经历和菲利普有很多相似之处。特别是寄人篱下的那种敏感和无助，真的是一生的伤痛。幸好我这个人吧，别的没有，但是梦想一直坚定不移。我那时一门心思就想着，以后我要当明星，我要离开家乡，我要做自己的光。也正是这个信念支撑我、敦促我努力学习，出人头地。虽然那时的我整天为生计、为学习奔忙，不懂与伤痛和解的大道理，但是在现在的我看来，我执着于自己的梦想，不正是一种和解吗？我不愿让自己被童年不幸的枷锁束缚一生，不愿在那个带给我痛苦的家乡小镇碌碌无为，所以我不顾一切地挣脱一切，一路向北。

人活着，就会有各种各样的"伤痛"。"伤痛"其实是一种身体感受，来自未被释放的能量，它积压于人的身体之中，反复刺激人的感知。只要我们释放掉这种积压的能量，就会真正释然，与"伤痛"和解。我们便又一次成长蜕变。我们通过与它和解来打破这一边界，生命就会得到拓展。

那么，如何与伤痛和解呢？以下是一些可能有助于实现这一目标的方法：

1. 接纳和面对痛苦：首先，接受自己正在经历痛苦，并不否认或逃避它。面对痛苦是走出痛苦的第一步，这样可以建立一个真实的内在对话，与自己的情感进行连接。

2. 表达情感：找到一种健康的方式来表达自己的情感，如倾诉给亲密的朋友、家人或寻求专业的心理辅导。通过分享和表达情感，有助于减轻内心的压力和痛苦。

3. **自我关怀和自我爱**：培养积极的自我价值感和自我认同，给自己提供身心的关爱和满足。

4. **寻找意义和目标**：通过寻找生活中的意义和目标，给自己的生活带来积极的方向和目标感。这可能包括追求个人的兴趣、参与有意义的活动、帮助他人等。

5. **培养积极心态**：培养积极的思维方式和心态，学会寻找积极的方面和希望。这包括培养感激之心、培养乐观的态度和培养应对困难的能力。

6. **自我成长和学习**：将困境和痛苦视为成长和学习的机会。寻找在逆境中成长和发展的方式，通过学习和发展个人的强项来增强内在的韧性。

需要注意的是，每个人的痛苦和复苏过程是独特的，这些方法可能需要适应个人的情况和需要。但是毋庸置疑，与伤痛和解将成为我们以后追求自我和寻找生命意义的重要动力。

与焦虑和解，接受自己的平凡

三毛曾收到一位女生的来信：

我今年 29 岁，未婚，是一家报关行最底层的办事员，常常在我下班以后，回到租来的斗室里，面对物质和精神都相当贫乏的人生，觉得活着的价值，十分……对不起，我黯淡的心情无法用文字来表达。我很自卑，请你告诉我，生命最终的目的何在？以我如此卑微的人（我的容貌太平凡了），工作能力也有限，说不出有什么特别的兴趣，也从来没有异性对我感兴趣。我真羡慕你，恨不得能够活得像你，可惜我不能。

看起来，这可能确实是一个平凡的女孩，觉得自己相貌平平、工作平平、生活无趣，不过也仅仅是平凡而已，并不需要焦虑。可是为什么她要自卑呢？为什么她的字里行间充满迷惘和嫌弃呢？因为平凡成了她的心魔，是她不快乐的根源。

我们先来看看三毛是如何回复她的。她说：

不快乐的女孩：从你短短的自我介绍中，看来十分惊心，二十九岁正当年轻，居然一连串地用了——最底层、贫乏、黯淡、自卑、平凡、卑微、能力有限这许多不正确的定义来形容自己。以我个人的经验来说，我也反复思索过许多次，生命的意义和最终目的到底是什么，目前我的答案却只有一个，很简单的一个，那便是"寻求真正的自由"，然后享受生命。不快乐的女孩，你的心灵并不自由，对不对？当然，我也没有做到绝对的超越，可是如你信中所写的那些字句，我已不再用在自己身上了，虽然我们比较起来是差不多的。

房间布置得美丽，是享受生命改变心情的第一步，在我来说，它不再是斗室了。然后，当我发薪水的时候——如果我是你，我要给自己用极少的钱，去买一件美丽又实用的衣服。如果我觉得心情不够开朗，我很可能去一家美发店，花一百台币修剪一下终年不变的发型，换一个样子，给自己耳目一新的快乐。我会在又发薪水的下一个月，为自己挑几样淡色的化妆品，或者再买一双新鞋。当然，薪水仍然是每个月会领的，下班后也有四五个小时的空闲，那时候，我可能去青年会报名学学语文、插花或者其他感兴趣的课程，不要有压力地每周夜间上两次课，是改换环境又充实自己的另一个方式。

不快乐的女孩子，请你要行动呀！不要依赖他人给你快乐……

看吧，三毛并不觉得平凡是个问题，所以根本不需要解决。她只告诉女孩如何为自己寻找快乐，那就是学会享受生命。一个二十九岁的女孩，把生活过得如此老气横秋，只能说明她心境苍老，失去了心灵的自由，所以才觉得找不到生命的意义。只要让自己充实起来，把生活过得生香活色，生命又会变得精彩。

我们生而平凡，平凡本身并没有错，可以说世间平凡者十之八九，所以完全不必为此焦虑。每个人都有自己的生活轨迹和价值观，而平凡只是一种相对而言的状态。重要的是接受自己的独特性，尊重自己的选择和生活方式。

平凡并不意味着缺乏意义或成就。每个人都可以在自己的领域内发挥作用，作出积极的贡献，平凡与否不能决定一个人的价值。生活的意义和满足感可以来自与他人的关系、个人成长、追求激情和内心的满足。

当然，追求非凡并不是每个人的目标。我们要做的是接受自己的平凡并积极发展自己的个人特点，将焦点放在个人成长和幸福上，可以帮助我们更好地享受和珍惜生活中的每一天。

尽管如此，仍有人会说，可是看到别人熠熠生辉，还是忍不住为自己的平凡焦虑和沮丧，毕竟谁不想自己更美好呢？每当这时候，我们可能就需要积极地处理这种情绪，以免影响正常的生活。以下是一些可行性建议：

1.接受自己的独特性：每个人都是独一无二的，每个人都有自己的价值和特点。尝试接受自己的平凡，意识到每个人都在用自己的方式发挥作用，并且每个人的贡献都是有意义的。

2.重新评估价值观：审视你对成功和价值的定义。重新思考并明确你认为真正重要的东西是什么，是与他人的关系、成长、自我实现还是其他方面。重新调整你的价值观可以帮助你从更宽广和有意义的角度看待自己的生活。

3. **寻找内在满足感**：不要只把注意力集中在外部的标准和期望上。尝试寻找并培养一些让你感到满足和快乐的内在兴趣和活动。这些活动可能是艺术、音乐、运动、志愿者工作等。通过追求自己的兴趣和激发内在的满足感，你可以减少对外界评判的依赖。

4. **培养自信心**：提高自己的自信心和自尊心。意识到你在自己的领域内是有价值的，尊重并赞赏自己的成就和努力。建立积极的自我形象，相信自己可以取得成功和成长。

5. **培养成长思维**：将焦虑转化为成长的机会。看待平凡作为一种起点，你可以通过学习、发展技能和追求新的经验来扩展自己的能力和知识。将焦虑转化为积极的动力，不断努力进步和成长。

总之，你要记住，每个人都有自己独特的价值和贡献，不需要过于担心自己的平凡。关注自己的成长和幸福，尽力做到最好，而不是与他人比较。寻求平衡，享受生活中的美好时刻，并关注你认为重要的事情，这就是你泰然处之的底气。

与往事和解，放自己一条生路

有调查研究表明，在人生的道场中，人们正在经历的痛苦，大多来自过去的经历，来自往事对我们的思维、情绪和行为模式产生的影响。不良的经历可能导致内心的伤痛、恐惧和自我限制，使我们在当前的生活中遇到困难和挑战。这些经历也可能形成我们对自己和世界的认知框架，影响我们的自我价值感、信念和行为方式。

村上春树是我们非常熟悉的一位日本作家，也是我本人很喜欢的作家之一。读过他作品的人应该都了解他的故事，因为他的作品也映射了他个人的经历和情感。比如他在《弃猫》一书中说："人生最难的修行，是与自己和解。"这句话正是他与他的父亲的真实写照。在《弃猫》里，村上春树讲述了父亲的故事。从小，他每天都会看到父亲在早饭前对着一尊菩萨像虔诚地诵经祈祷，从不间断。于是，他问父亲是在为谁诵经。父亲回答说，为那些死在战争中的人们，包括日本人和中国人。

村上春树后来才知道，父亲曾作为辎重兵参加了侵华战争。虽然不是那场臭名昭著的南京大屠杀，但是在亲历的战争中，他亲眼看到中国士兵惨遭杀戮的血腥场面，从此成为他一生的枷锁。他回到日本以后，对战争的恐惧和不安与日俱增。一想起中国人被砍下头颅的场景，他就无法释怀，这些场景无时无刻不折磨着他。他无法解脱，只好几十年日复一日地跪拜在佛龛前，为战争中无辜丧命的人祷告。在幼小的村上春树看来，父亲那诵经念佛的背影，散发着死亡般的气息，令人窒息。

父亲的伤痛并没有在他自己身上终结，而是遗传到了村上春树身上，或者说，是村上春树自动继承了父亲的创伤和负罪感。

在村上春树成名之后，他每一次到中国为自己的作品做宣传，都不愿意吃中国的任何一道菜，因为父亲的罪孽使他羞愧万分，他认为自己不配吃中国的食物。

不但如此，村上春树还与妻子决定，终身不育，因为他希望村上家族的罪孽在他这里结束。

2008年，村上春树的父亲去世，次年，村上春树在其作品《1Q84》中写道："人生没有无用的经历，只要一直向前走，天总会亮。"这也算是他对父亲及自己戴着枷锁度过一生的感怀。

以我自己的经历和经验来看，女性朋友似乎更容易为往事所困，从而一蹶不振，很难走出来。我想，可能与女性的感情更细腻、更敏感、更脆弱有关；或者是因为她们更倾向于对他人的情感投入和关注，所以当她们遭受伤害或失望时，可能更难以接受和解脱，因为她们对关系的投入和期望较高；还可能因为女性往往更热衷于情感表达和寻求社会支持，当她们有了痛苦的经历时，更容易频繁地表达情感、分享经历，寻求他人的理解和支持，如果这时候她们无法得到足够的支持或理解，就有可能更长时间地困在往事中。

所以，我想告诉女性朋友的是：

1. 接受过去：接受过去发生的事情是不可改变的。无论是什么事情，它已经成为你的历史的一部分。接受这个事实，不再对过去的错误、痛苦或遗憾感到抵触。

2. **原谅自己和他人**：原谅自己和他人是与往事和解的重要一步。认识到每个人都会犯错误，包括自己在内。原谅自己并学会接纳过去的错误。同时，也要尝试原谅那些伤害过你的人。这并不意味着你必须忘记或接受他们的行为，而是释放对他们的怨恨和愤怒，以便你可以向前迈进。

3. **培养积极的心态**：改变你对过去的看法和态度。尝试将焦点从负面的经历转移到积极的方面。寻找并珍惜过去给你带来的经验、成长和智慧。

4. **寻求支持**：与家人、朋友或专业人士分享你的感受和困惑。有人倾听你的故事并提供支持和建议，可以帮助你更好地处理过去的伤痛。

总之，与往事和解是一个渐进的过程，每个人都有自己的步调。尊重自己的感受，给自己时间和空间来逐渐解决和释放过去的伤痛。当你打开人生的枷锁，你会发现，自由的心灵真好！

2

假如我认为能够，我便能够

相信自己的能力和价值，相信自己可以面对各种挑战和困难，并且有能力克服它们。自信来自积累的知识和经验，以及对自己的充分了解和接纳。

01

我允许，一切如其所是

寺庙里有两棵树。一棵郁郁葱葱，一棵枯木朽株。

禅师指着这两棵树问他的两个弟子："你们觉得，这两棵树是荣的好，还是枯的好？"

一个弟子随即答道："荣的好。"

另一个弟子怕有玄机，不敢作答。

这时，一位侍者从旁经过，禅师便询问他相同的问题。

侍者想也不想地回答道："枯也由它，荣也由它。"

禅师满意地点着头说道："有理。世间万物，荣枯自有其道，凡人何必费尽心思呢？"

是啊，这世间，于物，有阴晴圆缺、万物荣枯；于人，有悲欢离合、人言是非，不确定才是世界的本质，无常才是自然的规律，谁能管得着呢？谁又能主宰呢？如果我们总是为物是人非伤怀计较，苦苦纠结，陷入盲目的执着当中，岂不是为了一个不可能的目的浪费时间吗？既然很多东西我们无法改变，很多人我们无法左右，很多事我们无法决定，何不顺其自然呢？

辛迪·芬奇说："我会允许一切自然发生，并将之视为生命最曼妙的风景。"当我们练就"允许"的智慧，人生就会豁然开朗，满目皆是风景。只有心中放下一切，不为怨憎会、爱别离、求不得而纠缠和痛苦的人，才能轻松上阵，所向披靡。

允许意外来临，允许爱消失。

我特别喜欢德国诗人伯特·海灵格的一首小诗，名为《我允许》：

我允许任何事情的发生。

我允许事情是如此的开始，

如此的发展，

如此的结局。

因为我知道所有的事情，

都是因缘和合而来，

一切的发生都是必然。

若我觉得应该是另外一种可能，

伤害的只是自己。

我唯一能做的，

就是允许。

我允许别人如他所是。

……

我知道，

我是为了生命在当下的体验而来。

在每一个当下时刻，

我唯一要做的就是，

全然地允许，

全然地经历，

全然地享受。

看只是看。

　　前两年疫情期间，我很焦虑，我想很多人应该和我一样。那种明明不是自己不努力，却处在很糟糕的状态，至今想来仍记忆犹新。事业停滞是一方面，更重要的是情绪找不到出口。时间犹如被施了魔法，俨然不动了。那种不知道明天会怎样的恐惧，无时无刻不裹挟着我。毕竟干我们这一行的，也怕过气，也怕被人忘记。我无法想象，真正拨云见日的那天，又会是怎样一番天地。可是，无论心中有着怎样的动荡，也都无济于事，因为这是意外，没有人能够阻止意外发生，也没有人可以帮助我，因为别人的处境也好不到哪里去。所以，还得靠自己。

为了转移注意力，我开始看书，学习。直到我在书上看到一句话："允许一切发生，是世间最温柔的力量。"是啊，事情发生时，只有两种选择，要么允许，要么对抗。我们的第一反应总是竭尽全力去对抗，结果不是得逞就是受伤。得逞固然很好，但有时候需要付出巨大的代价，有点得不偿失的感觉。其实，有没有想过，如果我们允许意外的事情发生呢？不是说接受一切，而是换一种方式得到。

比如一个女生失恋了，是对方提出的分手。女生不愿意结束这段关系，所以第一反应就是挽回，不管是声泪俱下也好，还是威胁利诱也罢，总之耗尽全身力气，并奉上自己的全部尊严。先不说挽回失败，就算成功了，她挽回的那个人也不是原来的那个人。破镜重圆之后，那道裂痕将成为她好不了的伤疤，成为他无数次拿捏她的软肋，如果她还是很在意他，那更将成为她患得患失的心病。试想，如果当时她接受分手呢？她还是会痛，但是尊严还在，也不会再被他拿捏，更重要的是，她也许会成为更好的自己，或遇到更好的人，而不是被一段破碎的关系束缚。正如爱尔西·麦可密克所说："当我们不再反抗那些不可避免的事实时，我们能省下精力，创造出一个更加丰富的生活。"所以，允许意外发生，允许爱消失，也是一种得到，是第二种美好结局。

允许一切发生，是默然，是温柔，是力量，也是一种拒绝让自己受伤的底气。

允许自己做自己，允许别人做别人

前些年，我在北京有一个年龄相仿的朋友，他那时候住在昌平，我们偶尔见面聊天吃饭。

有一次吃饭时，他苦恼地说，他每天下班都不愿意回家，因为一回到出租房就很压抑。我问他怎么回事。他便向我大倒苦水。

原来朋友租住的是两室一厅的房子，与另外一个男生一人一间卧室。朋友是一个生活比较规律的人，每天下班就回家，回家就做饭打扫卫生，做完事一般都待在自己的卧室里，尽量不影响舍友的生活。可是他那舍友就不一样了，用朋友的话说，可真是一个奇葩。舍友也是白天上班，可总是很晚回家，也不在外面吃饭，回家也不做饭，往往一桶泡面打发，早晨起来客厅里还有一股子泡面味儿。舍友还是个夜猫子，每天晚上打游戏到深夜，还不喜欢关门，所以总是从那卧室传出打打杀杀的声音，严重影响我朋友的睡眠。有时候朋友被吵醒后忍无可忍，便去叫舍友关上门，并叮嘱他小声点。舍友马上一边道歉一边关门，可第二天晚上又依然如昨。每到周末，朋友想着终于可以好好在家里休息一下，清静清静，可舍友倒好，总是带着一帮朋友回来打游戏、唱歌，搞得家里热闹非凡。

朋友说完，苦着一张脸问我，你说，换了你能不心塞吗？我自然对他深表同情，因为我也是一个生活比较规律的人，同时也是一个好静的人，我能体会他的烦恼。但我告诉他，他和舍友是合租关系，相互平等，所以不存在谁听谁的，彼此能否相处友好，完全靠自觉和磨合。而且每个人都是独立的个体，都有自己的生活习惯，我们只能允许自己做自己，允许别人做别人。你可以提醒他吃完泡面要收拾好垃圾，每天晚上事先提醒他关好门再打游戏，周末在自己门上贴个"正在工作（睡觉），请小声"的纸条……这些都是善意和友好的提醒，如果对方依然我行我素，那你只能改变自己，要么习惯对方的生活习惯，要么离开这个环境。

孔子说："君子和而不同，小人同而不和。"我们要允许差异的存在，允许自己做自己，允许别人做别人，和别人求同存异，而不是企图用自己的标准去改变别人。因为要改变别人很难，而且往往吃力不讨好。既然徒增烦恼，不如尊重个性，顺其自然。还有更重要的一点是，差异的本身是不同，而不是对错，所以你的不一定就是对的，他的不一定就是错的。

　　大家都知道文字工作者大多需要灵感，所以熬夜是家常便饭，因为在静谧中更容易产生灵感。但是也有文字工作者不喜欢熬夜，而是喜欢早起。那么，二者谁的效率更高、更科学呢？没有标准。喜欢熬夜者说，我一到深夜就精神百倍，越工作越兴奋，简直就是文思泉涌；喜欢早起者说，我一过晚上十一点就犯困，不但没有灵感，脑子还是懵的，毫无效率可言，但是在凌晨四五点钟工作的话，那可真是下笔如有神啊，几千字的稿子往往一气呵成。这就是个体在行为习惯上的不同，每个人都有适合他自己的方式，都有他自己的节奏，不需要遵照别人的方式，也不需要按照别人的节奏。互相尊重，不迎合，也不憋屈，彼此轻松。

　　由于成长环境、学习经历和认知水平的不同，每个人的思想和行为习惯都是不一样的。也正因为每个人都不同，才使得这个世界丰富多彩。允许自己做自己，允许别人做别人，才是最正确的人际交往方式。以下是一些建议，可以帮助您实现这一目标：

　　1. 自我接纳：学会接受自己的缺点和优点，认识到每个人都有自己独特的特质和价值。不要苛求自己完美，学会宽容和善待自己。

　　2. 做自己：坚持自己的价值观和兴趣爱好。不要为了取悦他人而放弃自己的真实想法和目标。追求自己的梦想和目标，做自己喜欢的事情。

3. **尊重他人**：意识到每个人都有权利和自由选择自己的生活方式和决策。尊重他人的选择和观点，不要试图改变别人，让每个人保持独立和自主。

4. **接纳多样性**：意识到世界上每个人都是独一无二的，拥抱多样性和不同的观点。尊重并欣赏不同文化、背景和信仰。

5. **学会宽容**：接受别人的缺点和过失，不要过于苛责和指责他人。每个人都有时候会犯错，学会宽容与原谅是建立良好关系的关键。

6. **培养共情**：试着换位思考，理解别人的感受和处境。当我们能够感同身受，我们更容易理解并支持他人。

7. **建立健康的界限**：明确表达自己的需求和边界，同时尊重他人的边界。这有助于确保良好的人际关系。

最重要的是，要意识到每个人都值得被尊重和珍视。通过接纳自己和他人的独特性，我们可以建立积极、和谐的人际关系，使得自己和他人都能得到发展，获得幸福。

允许比控制的段位更高

常有女性朋友诉苦，说自己成天很累，因为家里的伴侣和孩子不听话，不让人省心。

我每每听到"听话"这个词都很排斥，尤其是用在伴侣身上。

这时候我就会反问她："伴侣为什么一定要听你的话？那你听谁的话？"

当代女性确实很累，既要打理柴米油盐，又要经手人情往来，还要照顾家人，但是我相信，对伴侣和孩子的"控制"才是她们的家庭生活中最累的部分。女性由于要操持整个家庭，所以在无形中被教导要扮演家庭中的主导角色，以控制家庭事务和家庭关系。这种社会角色的期望使她们在两性关系中表现出控制倾向，尤其是当她在过去的关系中遇到过伴侣的不忠或不负责任，她可能会在当前的关系中表现出更多的控制欲望，以保护自己免受进一步的伤害。

四十岁的全职妈妈阿米差点得了抑郁症，因为她发现根本管不住自己的丈夫。阿米的丈夫虽然只是一家企业的车间管理员，但本人长得高大帅气，走到哪里都能吸引一众小迷妹。丈夫隔天就要上一次晚班，阿米经常中途给他打电话，问他吃饭没有，大概几点回家，然后两人闲聊一番。可是有段时间，每次她给丈夫打电话，丈夫都只敷衍两句就称有事要忙，把电话给匆匆挂断。阿米起了疑心，有一天把孩子放在邻居家，自己跑到丈夫厂里看个究竟。结果只见丈夫坐在车间办公室嗑着瓜子，几个小女工围着他打打闹闹，氛围好极了。阿米气不打一处来，把丈夫狠狠骂了一顿，守着他直到下班。回家后，丈夫反而骂阿米疑神疑鬼，心眼太小，丢了他的脸。为此，阿米整天郁郁寡欢，一到丈夫上晚班的日子就心神不宁，辅导孩子的作业时也频频走神。其间她又去了丈夫的办公室两次，每次看到的都是小女工围着丈夫笑闹的场面。阿米的情绪变得更加焦躁，家务不想做，孩子不想管，也不收拾自己，妥妥一个怨妇的形象。邻居知道事情的原委以后，就劝阿米说："不就聊聊天吗？能有多大的事儿？你不要管他，你要对他放手，男人就喜欢寻找这种优越感。而且呀，你不但不管他和谁聊天，别的事儿你都不要管，不要去在意，更别去控制，一律允许。这样你也乐得轻松，只怕到时候他还不习惯呢！"阿米想了想，便按照邻居的建议去做了，既不给丈夫打电话，也不去查岗，平时更不过问他的工作和行踪，自己每天辅导完孩子的作业就追剧或练瑜伽，别提多惬意了。倒是她的老公时不时地打电话回来，问她在做什么，孩子在做什么，还总是没话找话说。

看吧，如果真要论段位，允许是不是比控制的段位更高呢？在伴侣关系中，双方都应该被允许保持一定程度的个人空间和自主权，如果一方试图控制另一方，就很容易导致矛盾和不满。允许伴侣做自己是建立健康、尊重和稳固关系的重要基础。这意味着在爱情关系中，您尊重并支持对方的独立性、个人需求和兴趣爱好。以下是一些建议，可以帮助您实现这一目标：

1. 尊重个人空间：每个人都需要一定的个人空间和时间，用于追求自己的兴趣爱好、进行个人成长或简单地独处。尊重伴侣的个人空间，不要过度干涉或限制对方的自由。

2. **接纳对方的个性**：理解并接纳伴侣的个性差异，每个人都有自己独特的特点和喜好。不要试图改变对方，而是欣赏他们独特的品质。

3. **相互支持**：支持对方的梦想和目标，鼓励他们追求自己的理想。当彼此支持对方的发展时，关系会更加健康和坚固。

4. **独立决策**：尊重对方做出自主决策的权利。在共同决策时，尊重彼此的意见，避免试图主导对方的选择。

5. **信任与坦诚**：建立彼此间的信任与坦诚，让对方自由地表达自己的想法和感受。信任是构建稳固关系的重要基石。

6. **理解优先次序**：理解对方的优先次序，有时可能会有其他重要的事情需要处理，给予对方足够的理解和支持。

7. **与他人互动**：尊重对方与他人的社交互动，包括朋友、家人和同事。不要试图限制对方与其他人的交往，而是支持对方的社交关系。

在亲子关系中也是一样，很多女性对孩子的控制欲很强。她们试图控制孩子的行为和决策，特别关注孩子的学业，通过控制和规定孩子的行为来塑造他们的性格和品德，在日常生活中制定明确的时间表和计划，试图控制孩子的社交圈……虽然"父母之爱子，则为之计深远"，但是在教育问题上，作为父母尤其应该讲究方式方法。过度的控制必然对孩子产生负面影响，事无巨细可能导致他们缺乏决策能力和自信心。相反，允许孩子做自己，也许比控制他们更有效。

允许孩子的个性发展，有助于培养他们的自信、独立性和创造力。以下是一些建议，可以帮助女性在孩子成长过程中支持和促进他们的个性发展：

1. **接受和尊重**：接受和尊重孩子的个性，不要试图强迫他们成为您期望的样子。理解每个孩子都是独特的个体，有自己的兴趣、特点和天赋。

2. **观察和倾听**：密切观察孩子的兴趣爱好和表现，倾听他们的想法和感受。了解他们真正喜欢的事物，并支持他们追求自己的梦想。

3. **提供多样的体验**：给孩子提供丰富多样的体验和机会，让他们尝试不同的活动和领域。这有助于发现孩子的潜在兴趣和才能。

4. **鼓励自主性**：鼓励孩子做出自主决策，并承担一定的责任。让他们在适当的时候做选择，培养他们的自信心和自主性。

5. **不要过度干预**：避免过度干预孩子的行为和决策，给予他们一定的空间和自由。这有助于他们形成独立思考和解决问题的能力。

6.赞赏和鼓励：对孩子的努力和成就给予积极的赞赏和鼓励。鼓励他们坚持自己的兴趣，并相信他们可以取得成功。

7.提供支持和指导：虽然鼓励孩子自主发展，但也要提供适当的支持和指导。给予他们所需的资源和帮助，让他们在发展过程中不感到孤立。

8.尊重个性差异：了解孩子的个性差异，不要将他们与其他人进行比较。尊重每个孩子独特的发展轨迹和特点。

通过以上方法，女性可以帮助孩子展现自己独特的个性，培养他们的自信和个人价值感，从而成为一个健康、快乐、有自主性的个体。

02

我不炫耀，因为我不自卑

自从有了朋友圈，人们喜欢各种晒。晒旅行照片，晒美食，晒豪车豪宅，晒入职升职，晒家中学霸……反正应晒尽晒，好不热闹。这个"晒"，通俗点讲就是炫耀。

我曾认识一位女性朋友，家境很好，她本人也很优秀，经常天南海北四处旅游，尝遍天下美食。可是她从不在朋友圈发旅游或美食照片，也不发自己的豪宅私照。大家一起聚会，问起她最近去了哪些国家，她都会不急不缓地讲述一些见闻。于是有人问她，那么美的地方，怎么不见你发朋友圈啊？她摆摆手说，我出去旅行是纯玩纯享受，如果还想着拍照发朋友圈，那多累啊，还能好好玩吗？而且，不就是旅个游吗？没必要炫耀吧。

反观我们普通人呢？平常进个好一点的饭店，去个远一点的景点，住个贵一点的酒店，都会360度地拍照放朋友圈，美其名曰与大家一起分享。可是，这样的分享并不见得有朋友爱看。见过世面的人觉得你有点低端，这有什么好拿出来炫耀的？没有见过世面的人更会嗤之以鼻，不就吃个饭住个高档酒店吗，生怕别人不知道似的。所以，不管你的晒是出自真心还是假意，都没有几个人领情。

心理学家阿德勒在《自卑与超越》中说："炫耀的本质就是自卑，因此喜欢过分炫耀的人，通常自卑感强烈。"正如有人说的：一个人越是炫耀什么，越是说明他的内心缺少什么。

喜欢炫耀的人，看似自傲，其实是自卑，因为害怕对方看轻了自己，所以才刻意去强调自己拥有什么。比如一个人平时没怎么上过高档饭店，或者没怎么出去玩过，突然有一天吃上了好的或玩上了好的，心中那个激动呀，就很想让别人知道。这不正说明他欠缺这方面的体验吗？因为难得，所以一定要晒出来证明一下。如果他经常吃、经常玩，就会觉得这些都是稀松平常的事儿，也就没有了晒的欲望。所以，爱炫耀的人其实大多是在刷存在感，是没有底气的表现。

与其让人嫉妒，不如让人喜欢

在一期《奇葩大会》的节目中，某位演员说："但凡能活得让人妒忌，就别活得让人同情。"另一位嘉宾接了一句："能活得让人喜欢，就别活得让人嫉妒。"

一个人能活得好是成功，但是能活得让人喜欢、让人不反感却是本事。如果徒有成功而招人厌烦，那么成功并不能带给他快乐。炫耀的人之所以炫耀，要么为了增强自尊心，要么为了吸引他人的注意，要么为了证明自己的价值或争取别人的认可，总之炫耀的目的是为了自己，但是在别人看来却另一番意味。正如网上流传的说法：炫耀就是，我有，我拿出来给你看，而我知道，你没有。这不就是以己之长攻人之短吗？这分明就是不讨喜的事情，何必为别人也为自己平添烦恼呢？

小周曾在李老板的公司工作过，后来辞职单干，事业倒也做得风生水起，人人见了都要客气地叫一声"周总"。

一次，李老板公司周转不灵，便向周总求助。周总大笔一挥，随手写了一张50万的支票递给李老板，豪气十足地说道："就这点儿数目够吗？不够的我还可以加个零。"李老板听了有点儿面赤，但还是立刻感谢了他，并诚心邀请他吃饭以表谢意。

一番吃饱喝足后，周总抢着买单，李老板自然当仁不让。周总不乐意了，拍着胸脯说道："我已今非昔比，不再是您手下的小职员啦！我说句实话，我的公司年产值可观着呢！您看您现在公司困难的，我请您吃饭应该的呀！"

李老板一时语塞，便不再推让，让周总买了单。

没过多久，李老板便把借款还给周总，但从此几乎不与他联系了。

这个周总是不是典型的好心办坏事呢？本来可能一副古道热肠，却坏在一张爱炫耀的嘴上。虽然他现在确实很有钱，但对方好歹是他的前老板，言辞间的炫耀只会让对方感到被奚落和不受尊重。他虽然满足了自己浅薄的虚荣心，却给双方的感情造成了伤害，也使自己的形象大打折扣。所以，我们说话的时候一定要想好再说，炫耀的话更应慎之又慎。

虽然故事里的李老板不一定因为周总的言行而产生嫉妒，但很多时候，炫耀的确很容易引起他人的嫉妒。当一个人有意无意地夸耀自己的成就、财富或优势时，往往会让听者感到不满或心理不平衡，从而产生嫉妒心理。众所周知，嫉妒是一种负面情绪，可能导致人际关系紧张和破裂。

因此，我们在为人处世中应保持谦逊。与炫耀相反，谦逊是一种让人愿意接近和喜欢的态度。谦逊的人不会刻意炫耀自己的成就或财富，也不会和他人攀比，对于他人的需求往往更加敏感，会更加注重分享和倾听他人的经历。这种谦逊的态度使人感觉轻松和自在，不会感到压力或竞争。他们往往更容易获得他人的信任，在团队中具有更高的信赖度，人际交往关系也更加和谐。

吹嘘得越高，摔得越狠

几年前，一位年轻的作家与著名艺术家黄永玉先生有了一次见面的机会。回去之后，这位年轻作家在自己的博客上发布了与黄永玉先生的合影，并在博文中夸张地宣称黄永玉先生对自己欣赏有加，两人成了忘年交。

博文一经发布，立刻引来众人围观。作为一位新晋作家，居然能与大艺术家成为忘年之交，人们无不充满好奇和崇拜，纷纷予以关注。

然而没过多久，黄永玉先生在一次采访时谈到这位年轻作家，表示两人仅见过一面，他对这位作家并不了解，当时只是简单地交流了一下，更不是所谓的忘年交。黄永玉先生还回忆起他们当时的对话。年轻作家问他："我有这么多钱该怎么办？"黄永玉问他有多少钱。作家说了一个数。黄永玉告诉他，你那不算有钱。你这个水平的"有钱人"，能从北京排到非洲。他补充说，这位年轻作家可能受到年轻人的喜欢，但是他作为一位老人，平时忙得要死，没有太多时间去关注这些新兴作家。

采访播出后，众人哗然。都质疑这位年轻作家目的不纯，想借黄永玉炒作出名。甚至有人调侃他："不但没抱上黄永玉的大腿，还被人家踹了一脚。"

如果是普通人也就罢了，可毕竟是位文坛"新秀"，被人以这样的方式认识，后面的路定然不大好走。这不就成了一吹嘘成千古恨？

吹嘘通常是一种自我宣传的手段，试图在他人面前显得自己更出色。从心理学的角度来看，吹嘘是虚荣心得到满足的表现，说明这个人内心空虚，需要通过不断的炫耀来获得他人的认同感。当一个人吹嘘时，他会夸大或夸耀自己的能力、成就、财富、地位或其他优势，目的是让别人对自己产生良好的印象，或者获得别人的认可和赞美。

一个人如果从小生活在不被认同（被忽视或鄙视）的环境下，那么在他成长的过程中，就十分渴望被人赞美，被人关注。不管他做了什么事情，都喜欢"邀功"，并且总是放大自己的成果和努力。

一个人过往的生活很艰难，日子总是过得很拮据，那么当他稍微有了一点钱之后，就会通过"炫富"的行为来满足自己的虚荣心，获得优越感。

然而，由于吹嘘是不切实际、高出实际的，所以往往经不起推敲和验证，常令吹嘘者自我打脸。正所谓吹嘘得越高，摔得越惨。

《道德经》说："光而不耀，静水深流。"人在顺境时，不应过度炫耀，而要保持低调，像静水一样深沉。因为过度炫耀注定会带来灾难。在生活中，大多数的烦恼是由于得意时不加克制地说话造成的。遇到事事不顺，往往是犯了太多妄语的毛病。真正从容强大的人，不会在嘴上逞强，而是在得意时守口如瓶，保持低调和沉稳。曾国藩说："好胜人者，必无胜人之处，能胜人，自不居胜。"那些太爱炫耀的人，实际上缺乏真正的本事，而真正有本事的人，从不轻易展现自己，而是谦虚低调地生活着。只有不狂妄自大，才能保住自己的福气。

聪明的女人，从不炫耀这几点

都说女人更爱炫耀，是因为她们的情感更纤细，更喜欢分享。她们之所以炫耀一样东西，是因为她们觉得拥有这样东西是一种荣耀，应该让更多人知道，从而给自己增加底气。殊不知炫耀对于别人来说并不受用。于是乎，对于有底气的炫耀者来说，越炫耀越容易引起别人的嫉妒和伤害；对于没有底气的炫耀者来说，越炫耀越容易遭到鄙视。

亦舒说："真正有气质的淑女，从不炫耀她所拥有的一切，她不告诉人她读过什么书，去过什么地方，有多少件衣服，买过什么珠宝，因为她没有自卑感。"只有那些内心富足、底气充足的女人，才根本不需要炫耀，也不屑于炫耀。她们不管贫穷还是富有，都不卑不亢，从不活在别人的眼光里，不需要证明自己，也不愿意取悦别人。即使在拥有一些确实值得骄傲的优势或成就时，她们也会谨慎地表达。当她们选择与朋友分享自己的成功经验时，从不过分夸大，而是更多地关注对方的需求和感受，鼓励对方也实现自己的目标。所以这样的女人总是能够建立更真诚的友谊和合作关系。

总之，真正聪明的女人通常不会炫耀以下几个方面：

1.智力和知识：聪明的女人了解到真正的智慧不是用来炫耀的，而是用来帮助他人、解决问题和促进共同进步的。

2.成就和荣誉：即使取得了很多成就和荣誉，但聪明的女人通常不会过度夸耀自己的成就，而是低调地分享和庆祝。

3.物质财富：虽然可能有很多财富，但聪明的女人不会用物质财富来炫耀或显示自己的地位。

4.外形和容貌：聪明的女人不会过度强调自己的外表，因为她们知道，这可能会使其他人感到不舒服或自卑。

5.社交圈和关系：虽然可能有广泛的社交圈和人脉，但聪明的女人通常不会以此来彰显自己的重要性，她们在交往中总是平等对待所有人。

6.慷慨和善举：聪明的女人在做善事时通常会低调行事，不会大肆宣扬自己的慷慨和善举。

7.能力和技能：聪明的女人不会过度强调自己的能力和技能，而是用实际行动来展现自己的才干。

8.情感和爱情：聪明的女人了解到爱情是私密而珍贵的，不会在公众场合过度展示自己的情感。因为她们知道，过度炫耀自己的伴侣可能会使其他人感到羡慕或嫉妒，并产生不必要的竞争感。

03

谁给你自信，你就靠近谁

美国心理学教授大卫·R.霍金斯经过几十年的临床实验，提出了"能量层级"概念。他指出，与能量层级越低的人相处，你就越容易产生负面情绪；与能量层级越高的人相处，你就越舒服。

比如在一节列车车厢里，一个两三岁的小男孩一直哭闹着，怎么都停不下来。孩子的妈妈又气又急，害怕影响车厢里的其他乘客，便对孩子软硬兼施，一会儿哄一会儿骂，却仍然不奏效。车厢里只听见孩子的哭声和妈妈的骂声。不一会儿，车厢里的乘客都烦躁起来。有人赶紧戴上耳机，将噪声隔绝在外；有人不时窃窃私语，对母子俩评头论足；有人忍无可忍，站起来责难孩子的妈妈……总之，整个车厢里的人都被感染了负面情绪。

不一会儿，一个五六岁的孩子走到哭闹着的孩子面前，递给他一个棒棒糖说："小弟弟，快别哭了，给你吃个糖。吃完了糖，我们一起玩儿好吗？"小男孩犹豫地接过棒棒糖，哭声渐渐变小。没过几分钟，两个孩子就开心地玩起来，笑声在车厢里响起，格外动听。其他乘客的情绪也渐渐转好，车厢里又变得一片和谐。

这就是能量层级效应。在情绪和心理层面上，它可以解释为情绪在个人之间传递或传染的现象，即一个人的情绪状态可以影响到周围的人。

当我们与具有负面情绪，即消极、抱怨、愤怒或沮丧等情绪的人相处，时间久了，就会受到他们负面情绪的影响，产生情绪上的困扰。这时候我们的正能量可能受到抑制，使我们感到疲惫、焦虑或压力增加。

当我们与具有正面情绪，即乐观、自信、积极向上的人相处，他们的能量和情绪也会感染我们，使我们变得更加积极和阳光。所以，我们要靠近那些具有正能量的人，被他们的正面磁场所吸引，变成正向的自己。

正面磁场的人可能具有以下特点：

1. 乐观态度：他们倾向于积极看待事物，专注于解决问题而非抱怨困难。

2. 支持与鼓励：他们能够给予他人积极的支持和鼓励，激励他人克服困难和追求目标。

3. **解决问题**：面对挑战，他们更倾向于寻找解决方案，而不是消极地面对问题。

4. **自信心**：他们有较高的自信心，相信自己能够克服困难，实现目标。

5. **共享快乐**：他们乐于分享快乐和成功，能够带来积极的团队氛围。

靠近优秀的人

古语云："蓬生麻中，不扶而直；白沙在涅，与之俱黑。"与人品好的人在一起，自己也会变得正直；与正能量的人在一起，自己也能光芒四射；与优秀的人同行，自己才能变得优秀。

我们来看这样一个场景：

冬天的早晨，宿舍里的两个同学 A 和 B，叫醒另一个仍赖在床上的同学 C 说："快起床，去自习室了。"

C 睁开惺忪睡眼，一脸不情愿地咕哝道："有没有搞错，今天周日欸。外面好冷，在被窝里不香吗？"说完作势又要闭上眼睛。

A 和 B 摇着头说："好吧，那你继续睡，我们走了。"

A 和 B 刚走一会儿，C 摇摇晃晃地起了床："算了，我还是起床吧。"收拾妥当后，也直奔自习室去了。

　　这就是惊人的磁场定律。与优秀的人在一起，即使你不进步，他的正面磁场也会吸引你、感化你。就像场景中的 C，他可能确实不如 A 和 B 勤奋好学，而且如果没有 A 和 B 的示范作用，他可能会一直懒散下去，但是正因为受到 A 和 B 的正面影响，他也在无形之中对学习变得积极起来。这不正应了那句"近朱者赤，近墨者黑"吗？

　　很多人可能都在网上看到过这样一个真实的故事。

　　山东某大学同一宿舍 6 名女生，在大学四年时间里，共斩获各级奖项 70 余项，发表论文专利 15 项，全体成绩稳居班级前 7 名。该宿舍的座右铭是"目标一致，携手共进"。据说，大学四年，这 6 名女生几乎每一堂课都会坐在教室的前排，因为她们都有早起的习惯，即每天早上 6 点 50 分必须起床，如果有人赖床，就会受到特殊"礼待"。都说独木不成林，滴水难成海，她们全员的优秀成绩，始终离不开相互的鼓励和指引，当优秀的个体集合到一起，个体就会变得更优秀。

　　在现实生活中，和谁在一起的确很重要，甚至能改变一个人的成长轨迹，决定他的人生成败。要想优秀，就靠近优秀的人，他可以带来许多好处和正面影响。不过，靠近优秀的人需要一定的策略和技巧。以下是一些建议，可以帮助你与优秀的人建立联系。

1. **共同兴趣**：寻找与你有共同兴趣的优秀人士。参加相关的社交活动、行业研讨会、志愿活动或专业组织，这样可以增加与他们接触的机会。

2. **主动交流**：在合适的场合，勇于主动与优秀的人展开交流。提出问题、分享你的想法和经验，展现你的求知欲和对学习的渴望。

3. **尊重他人的时间**：当与优秀的人交流时，尊重他们的时间和隐私。避免过度打扰，但也不要过于犹豫，寻找适当的平衡。

4. **表现自信**：在与优秀的人交往时，表现你的自信，展现你的独特价值和能力，让他们认识到你的潜力。

5. **提供价值**：在与优秀的人交往中，尝试为他们提供价值。可以分享有用的信息、资源或帮助解决问题，建立互惠互利的关系。

6. **持续建立联系**：与优秀的人建立联系需要时间和持续的努力。保持交往，并持续展现你的价值和潜力。

最重要的是，与优秀的人交往要真诚和自然，不要过于追求短期利益，而是关注于建立长期有意义的人际关系。通过积极主动的努力，你将有更多机会与优秀的人建立联系，从他们身上汲取智慧和经验，使你感受到正能量和积极的影响，帮助你更好地追求个人目标和成长。

靠近乐观的人

有个人经常莫名地感到压抑和沮丧，他怀疑自己得了抑郁症，便前去咨询心理医生。

医生没为他的症状下定论，而是开了一个有趣的药方给他：每天去探望一个过得很开心的朋友，早、中、晚各一次。

这个人虽然很疑惑，但还是照做了，没想到不到半年，他的那些"症状"全都消失了。

他再次前去找那个心理医生，想问个究竟。医生笑着告诉他："要让自己开心，就和开心的人在一起。拥有一个乐观的朋友可比什么特效药都有用。"

是的，乐观的人可以治愈你、抚慰你、激发你，使你感到舒心与快乐，并能共同成长。与乐观的人做朋友，可以治愈你的精神内耗，使你开心的时候有人分享，悲伤的时候有人倾诉。人生最幸运的事情，莫过于拥有一个积极乐观的朋友。

古希腊哲人苏格拉底还是单身的时候，曾与几个朋友挤在一间几平方米的小屋子里。虽然生活上有诸多不便，但他整天都是乐呵呵的。

有人问他："这么多人挤在一起生活，连转个身都困难，有什么可高兴的？"

苏格拉底说："朋友们住在一起妙极了，随时随地都可以交换思想，交流感情，怎能不教人快活？"

后来朋友们相继成了家，也都陆续搬走了，只剩下苏格拉底一个人，但他每天仍然很快活。有人问他说："你一个人住不孤单吗？有什么可高兴的？"

苏格拉底说："我有很多书呀！每一本书都是我的老师。与这么多老师在一起，可以时刻向它们请教问题，还有比这更让人高兴的事儿吗？"

如此乐观的苏格拉底自然吸引了很多朋友，包括一些名人，他们对他尊敬有加。

公元前 399 年，苏格拉底遭人陷害被判处死刑，他的富人朋友克利托曾花钱买通狱卒，偷偷地进入牢房接他出去。可是苏格拉底死活不肯走，他不想毁了自己的清白。克利托只好流着泪走了。

苏格拉底被执行死刑那天，他的家人、朋友和学生都前来为他送别，大家哭成一片，连狱卒也忍不住流下了伤心的眼泪。苏格拉底却毫无畏惧，平静地喝下毒酒。在他即将告别人世的时候，突然用微弱的声音对身旁的克利托说："克利托，我还欠邻居一只鸡，请别忘了替我还给人家。"

他的话音刚落，便离开了人世。

我们不得不佩服这位伟大的哲人，就连面对死亡这件人生最悲伤的事情，他都没有流露出半点负面情绪，留给身边人的是平静和慰藉。生活中与这样的人做朋友，我们会受益匪浅：

1. 积极的能量传递：乐观的朋友通常散发出积极的能量，它可以感染周围的人，使我们感受到更多的快乐和喜悦。

2. 激励和鼓舞：乐观的朋友常常是积极向上、自信的人，他们的成功故事和乐观态度可以激励和鼓舞我们，使我们更加努力追求目标。

3. 给予帮助：乐观的朋友通常乐于帮助他人，他们会给予我们积极的支持和鼓励，在我们需要帮助时提供帮助。

4. 增强自信：与乐观的朋友相处，我们会感受到积极的能量和自信心，这有助于增强我们自己的自信和自尊。

5. 创造积极的环境：乐观的朋友可以带来积极的氛围和心态，他们的乐观态度有助于创建一个积极、和谐的交往环境。

总之，与乐观的朋友建立良好的关系，可以帮助我们更好地应对挑战，提升心理素质，培养积极乐观的态度。同时，我们自己也可以成为乐观的人，为周围的朋友带来积极的影响和支持，促进良好的人际关系，为生活增色添彩。

靠近欣赏你的人

入行做美妆没多久（大概是 2010 年的样子），我曾认识一个传媒公司的女编辑。人很温柔，也很有才华，文字很灵动，可惜人却有点循规蹈矩，很少看到她笑，甚至感觉她总是一副郁郁寡欢、心事重重的样子。

后来熟了，听她的同事说，她确实过得不怎么开心，因为男朋友给了她很大的压力。男朋友嫌她身高不够高，挣钱能力差，家务能力差，又没有御姐风范，总之弱爆了。

听她同事这么一说，我们都替她感到不值，因为在我们看来，她那么温柔有才，值得被爱。可惜遇人不淑，没有遇到懂她的人。

就在去年，我无意中在一次酒会上遇到她，差点没有认出来。还是那个温柔的女孩，可是整个人的精神面貌完全变了，变得容光焕发，喜笑盈盈，令人赏心悦目，心生欢喜。

我走过去与她攀谈起来。她告诉我，她现在担任一家杂志社的副主编，结婚有好几年了，有一个可爱的女儿。我发自内心地夸她道："真看不出来你都做妈妈了，居然保养得这么好，像个青春美少女。"

她低低地笑起来："哈哈，多亏有个好老公，帮我解决了家庭的后顾之忧不说，还总是鼓励我、支持我，让我一门心思搞写作，说不能让婚姻埋没了我的才华，剥夺了我的兴趣。"

"那你很幸运，遇到一个欣赏你的爱人。"

"是啊，所以我也很珍惜现在拥有的幸福。虽然年轻时也曾遇人不淑，走过弯路，陷入过绝境，好在生活不曾亏待我，让我的人生柳暗花明，最终找到一个懂我的人。"

我也替她感到开心，虽然不知道她结束曾经那段负能量满满的感情时是否受了伤，但是她的决定无疑是明智的。如果继续守着一个贬低她的人、消耗她的人，眼前的明媚笑颜将是一种奢侈。

在生活中，消耗你的人可能会经常向你抱怨，诉说负面情绪；可能会只关心他自己的需求，从不考虑你的感受和利益；可能总是不断耗费你的精力、情绪和资源，却很少回馈或支持你；可能总是对你的目标和梦想持负面态度，从不认可和鼓励你……总之，长时间与消耗你的人在一起，会直接影响你的情绪和心态，使你感到疲倦、沮丧或焦虑，使你变得不自信，变得怀疑自己，变得不敢向自己的梦想迈近，甚至变得堕落，自暴自弃，最终消耗掉你对生活的所有热情，使你的世界变得暗淡无光。所以，一定要远离消耗你的人，减少与他们的交往频率，坚持做自己。

另一方面，要靠近那些欣赏你的人、可以给你自信的人。因为欣赏基于认同，认同基于了解，与一个了解你并认同你的人在一起，才能彼此欣赏，相互滋养。欣赏你的人能够真正理解你的价值、尊重你的个性，给你激励和启示，鼓励你超越困难，勇往直前。欣赏你的人可以传递给你积极的情绪和态度，使你感受到更多的快乐和满足感。最重要的是，欣赏你的人能够给你自信，使你更加欣赏你自己，更加爱自己，并成为更好的自己。

04

当你攒足了钱，全世界都会对你温柔

有一句话直指人心："中年人，时常会觉得孤独，因为他一睁开眼睛，周围都是要依靠他的人，却没有他可以依靠的人。"

是的，靠山山会倒，靠水水会流，对于人来说，无论什么阶段，金钱都是非常重要的，尤其是对于女性。都说现实和岁月是残忍的，但是如果没有钱，它们会更残忍。

当一个女性是否需要拥有金钱成为一个讨论焦点时，人们的观点各异。有人认为金钱是万恶之源，特别是女性不应该过于贪恋金钱，以免陷入拜金的陷阱。也有人坚信，女性必须拥有经济独立性，这样才能摆脱被男性操控的局面，拥有自主权。

实际上，即使是有着爱情和婚姻的女性，即使两人相互欣赏和投缘，也必须拥有经济支持。这并不是贪图金钱的体现，而是在现实生活中金钱是不可或缺的角色。金钱是确保基本生活需求的保障，有了它，我们可以享受舒适的生活环境，即使不求名牌奢侈，至少能摆脱拮据的困境。金钱还赋予我们自由，让我们能够选择去旅行，驾车上班，或享受休闲娱乐，而不被费用所限制。因此，对于女性来说，金钱不仅是衣食住行的体面，还是一种根植于内心的安全感，优雅从容的底气，明亮开阔的眼界。

首先你要凭本事赚钱

有人说，女孩子嘛，干得好不如嫁得好，何必那么辛苦呢？在我看来，女人最大的靠山，不是令人艳羡的美貌，也不是从一而终的婚姻，而是独立赚钱的能力。

女性如果把希望寄托在他人身上，特别是在婚姻或伴侣关系中，可能会限制个人的成长和自主性。那些习惯于手心向上的人，总是患得患失，活得失去自我。

在现代社会，女性有权利追求自己的事业、激情和独立，而不仅仅依赖于他人。当女性拥有赚钱的本事，就会无惧暂时的困顿而不会失去生活的信心和努力的斗志，因为她们相信凭借自己的本事可以改变当前的窘境，迎来出头之日。

而女性在拥有自己的经济能力以后，往往不再因为经济上的依赖而感到束缚。独立的经济地位为女性带来了更多的自由和选择，让她们能够追求自己的梦想、兴趣和目标，而不必受制于他人。这种独立性不仅能够提升女性的自尊和自信，还能够影响她们的人际关系、职业发展和社会地位。

在1990年代早期，单亲母亲J.K.罗琳生活在苏格兰爱丁堡。她在这个时期经历了许多困难，生活拮据，甚至在一段时间内需要依靠社会福利过日子。尽管她面临着种种挑战，但她始终有着坚定的写作梦想。

1990年，当她正在乘坐一辆延误的火车时，一个关于一个年轻男孩进入一所魔法学校的想法突然涌上她的脑海。这个想法成为《哈利·波特》系列的起点。然而，在她写完第一本小说后，她面临了多次出版社的拒绝。但她没有放弃，而是继续努力改进小说，并最终在1997年找到了一家愿意出版这本书的出版社。

第一本《哈利·波特与魔法石》出版后，立刻受到了读者的欢迎，并迅速走红。随着该系列的继续出版，J.K.罗琳逐渐取得了惊人的成功。《哈利·波特》系列成了畅销书，并被改编成热门电影，席卷全球。

2004年，J.K.罗琳登上了《福布斯》富豪榜，英国《泰晤士报》将她评为"有史以来最成功的儿童文学作家"。她的《哈利·波特》系列小说已被翻译成67种语言，在全球发行了4亿册，系列电影的总票房超过 70 亿美元。在不到十年的时间里，她的财富已经超过英国女王，达到了 12 亿美元，而且这笔财富每年都在以数千万英镑的速度增长。

J.K.罗琳的故事对女性充满了启示。她不但通过自己的创作天赋和坚持不懈，最终实现了巨大的成功和经济独立，还激励了数百万人追求自己的梦想，克服困难，努力追求成功，表现出了女性战胜逆境的力量。

所以总的来说，女性的独立赚钱能力不仅影响其个人的成长和自主性，还能够影响到整个社会的变革。她们不再是弱势群体，而是在各个领域展现出强大的能量和影响力。因此，鼓励女性追求独立经济能力，不仅是为了个人的幸福，也是为了社会的进步和发展。

你可以心安理得地花钱

张爱玲说："我喜欢钱，因为我没吃过钱的苦，不知道钱的坏处，只知道钱的好处。"在我看来，钱的好处是很直接的，它不仅可以让你心安理得地花钱，还能够在使你过得更舒坦的同时，也为家庭创造更好的环境和条件。

1. 有钱才能给父母最好的照顾

人生短暂，时光并不会等待，父母的健康和幸福需要及时的关怀和支持。

生活中，我们常常面对种种风险和挑战，而拥有足够的经济实力可以使我们更加从容地应对这些问题。当女性能够为父母提供最好的照顾时，无论是医疗费用还是生活开销，都不再是问题。她们可以选择将父母带到高品质的餐厅用餐，为他们提供舒适的居住环境，甚至是计划一次难忘的旅行，让父母享受到美好的生活。

随着年龄的增长，父母可能会面临健康问题，而经济独立的女性可以确保父母得到及时和最好的医疗治疗，不必为药费、医疗费用而犯愁。女性可以放心地将父母的健康放在首位，提供他们所需的一切。而这种照顾不仅是物质上的，更是情感上的支持和陪伴，让父母感受到爱和关怀。

此外，女性经济独立还能够确保父母在面临困难和挑战时，能够坦然地向女儿寻求帮助。当女性拥有足够的经济实力时，父母不必担心给她们增加负担，他们可以坦然地倾诉，让女儿能够提供更多的支持和解决方案。这种信任和亲情的沟通将会使整个家庭更加紧密和幸福。

2. 有钱才能给孩子最好的教育

为人父母，总想为孩子提供最好的教育，这在当今社会也是尤为重要的。孩子的教育是打造未来的关键，而经济实力为实现这一目标提供了坚实的基础。

在现代社会，教育的重要性不容忽视。越来越多的家长意识到，为了让孩子拥有更广阔的视野和更好的发展机会，需要给他们提供高质量的教育。然而，高质量的教育往往伴随着高昂的费用，包括学费、课外活动、教育资源等。女性经济独立能够确保她们有能力支付这些费用，使孩子能够进入好学校，获得优质教育。

而孩子的成长需要全面的培养，这可能包括体育、艺术等各个方面。女性经济独立可以使她们更自由地选择适合孩子的培养方式，无须受到经济限制。孩子可以参加感兴趣的课外活动，培养自己的兴趣爱好，发展多元化的才能。这种全面的培养将有助于孩子的个人发展和未来的职业道路。

此外，女性经济独立还可以为孩子提供更广阔的世界观和体验。她们可以为孩子提供出国留学的机会，让他们在国际环境中学习，增长见识，拓宽视野。这将有助于培养孩子的国际视野和跨文化交流能力，使他们更具竞争力和适应性。

3. 有钱才能做自己想做的事

女性经济独立为她们创造了做自己想做的事的自由，这种自由可以让她们的生活更加充实和有意义。

当拥有足够的经济实力时，女性可以更自由地追求自己的兴趣和激情。她们可以投资自己的爱好，参加各种活动和课程，拓宽自己的知识和技能。无论是学习一门新的艺术，尝试烹饪美食，还是参与公益活动，都不再受到经济压力的限制。这种追求个人兴趣的能力，不仅能够让女性的生活更加丰富多彩，还可以为她们带来成就感和满足感。

另一方面，经济独立也使得女性能够实现更多的梦想和目标。她们可以有更多的选择，不再局限于传统的角色和期望。无论是创业开一家自己的小店，还是投资一个项目，甚至是探索一项新的职业，都可以成为可能。这种自由的选择能够让女性实现自己的职业抱负，追求个人的事业成功。

综上所述，经济独立使女性的生活更充实、更自主，也为整个家庭带来更多的幸福和机会。

当你拥有足够的财富，你会发现全世界都对你温柔以待。你能感觉到，这个世界似乎对你更加宽容，你不再担忧失去或被辜负；即便金钱不能保证幸福，但你能够独立开始新的旅程。尽管金钱常被视为俗物，却能为你铺平道路，给予你自信的力量。

没有一技之长，如何赚钱？

有的女性可能会说，我没有一技之长，应该如何赚钱呢？俗话说，办法总比困难多。即使你没有特定的一技之长，仍然有许多途径可以赚钱。以下是一些可能适合的方法：

1. **提升技能和知识**：虽然你可能没有专业技能，但你可以通过学习和培训来提升自己的技能和知识。这可能包括参加课程、在线学习或培训计划，以获得在特定领域的专业知识。

2.寻找兼职或临时工作：寻找兼职工作或临时工作是一个很好的方法，可以在学习的同时获得一些收入。这些工作可能包括服务业、零售、客服等。

3.利用兴趣和爱好：如果你有特定的兴趣和爱好，可以尝试将其转化为赚钱的机会。比如，如果你喜欢摄影、绘画、写作、手工艺等，可以考虑将这些爱好变成赚钱的途径。

4.网络和社交媒体：利用互联网和社交媒体平台，你可以从事自由职业、写作、博客、制作教程视频等。这些平台提供了广阔的观众，有可能创造收入。

5.销售自己的作品：如果你有创造力，可以考虑制作手工艺品、艺术品、设计或其他创意作品，并通过线上或线下渠道销售。

6.代步服务：如果你有车，可以考虑提供代步服务，比如接送孩子上学、送货、代购等。

7.家政服务：提供家政服务，如清洁、烹饪、育儿看护等，这些服务一直都有需求。

无论你选择哪种方法，重要的是保持积极的态度和毅力，不断寻找机会并为之努力。

有钱以后，如何规划你的钱？

当你有钱以后，合理规划财务是至关重要的，这有助于确保财务安全、实现目标和享受更稳定的生活。以下是一些合理规划财务的建议：

1. 制定预算：设立每月或每年的预算，明确收入和支出，确保开支不超过收入。预算可以帮助你控制花费，避免不必要的浪费。

2. 建立紧急储蓄：创建一个紧急储蓄账户，用于应对突发状况，如医疗紧急情况或失业。通常，储蓄额应相当于你生活开支的 3 至 6 个月。

3. 清理债务：如果有债务，尽早制订还款计划，并优先偿还高利率的债务。债务会影响你的财务状况和信用记录。

4. 投资和理财：根据自己的风险承受能力和投资目标，选择适合的投资方式，如股票、债券、基金、房地产等。定期评估投资组合，调整投资策略。

5. 规划退休：考虑建立退休储蓄，确保你在退休时有足够的财务支持。合理规划退休资金，包括社会保障、退休金和个人储蓄。

6. 保险覆盖：购买适当的保险，包括医疗保险、人寿保险和意外险，以保障你和家人的健康和财务安全。

7. 设定目标：确定短期和长期的财务目标，如购房、旅行、创业等。为实现这些目标设立具体的储蓄计划和时间表。

8. **避免过度消费**：虽然有了经济实力，但也要避免过度消费和铺张浪费。理性购买，不陷入无谓的消费陷阱。

9. **定期审查**：定期审查你的财务计划，检查是否需要调整预算、投资或储蓄计划。适时做出改变，确保财务目标的实现。

合理规划财务可以帮助你更好地管理资金，实现财务目标，享受稳定和安心的生活。无论你的财务状况如何，建立明智的财务计划都是非常重要的一步。

3

能真正助我的，必是精品

01

享阅人生——阅读阅世阅人

前段时间，与一位创业的朋友聊天，他向我吐槽说："现在要招个满意的员工真是太难了。"

我不解地问道："怎么个难法？现在完全不缺高学历人才，资源应该很丰富啊！"

朋友摇着头说："高学历与我的满意度没有直接联系。现在很多年轻人的确有非常强的能力，但是他们的阅历不足，对于很多岗位无法胜任，尤其是管理者的位置。一方面，他们遇到问题时往往缺乏解决的经验，有时候甚至容易偏激，反而使工作陷入困境；另一方面，他们难以忍受漫长的付出和负面反馈，定力不够。"

"按照你的说法，刚毕业的年轻人岂不是没有活路？"

"我倒不是这个意思。我想表达的意思是，阅历有时候比能力更重要，尤其是在职场。而且你走入了一个误区，你认为年轻人就没有阅历。其实不然，阅历不等于年龄。"

"哦？比如？"我很惭愧自己在这方面的狭隘。

"阅历就是一个人在生活中所经历和积累的各种经验嘛，它包括很多方面，比如阅读书籍、观察生活、接触不同的文化和社会环境、与不同的人打交道，等等。虽然相对于年龄较长的人而言，年轻人的阅历可能相对较少，但你不能说他没有。"

阅读：读过的书都忘了，读书的意义是什么？

所谓阅历，是一个人生活经历的总称，但是在我看来，阅历就是阅读与经历。

为什么这么说呢？因为谁也不能否认，我们普通人所获得的阅历知识，大部分都是从书籍中得来的，无论是在校内还是校外。另一方面，书籍恐怕是世界上最大、最全面的知识载体，不管是天文地理还是人情世故，它都可以源源不断地输出给人类。所以，阅读是提高阅历的重要途径之一。

不过有人会问，很多人读过的书过段时间就会忘记，那么读书的意义是什么呢？我听过最好的回答是："当我还是个孩子的时候，我吃过很多食物，现在已经记不起来吃过什么了，但是我可以肯定的是，它们中的一部分已经长成了我的骨头和肉。"读书就像吃饭一样，虽然不可能人人都能做到过目不忘，但是书中的道理和思想如同那些吃进我们身体的食物，总是会潜移默化地影响我们的言行举止。你以为，不记得自己读过的书的内容就是真正的遗忘吗？并不是。只要你曾认真地阅读了一本书，那些打动你的内容，都会进入你的潜意识，成为塑造你灵魂的一股力量，在适当的契机下显现出来。当你在长江边欣赏落日的时候，你脱口而出的"落霞与孤鹜齐飞，秋水共长天一色"就是那股力量。所以，忘记的是形式上的文字，滋养你的却是深藏于文字中的知识。

大家都知道 4 月 23 日是世界读书日，但是对于它的由来可能并不熟悉。

读书日来源于西班牙加泰罗尼亚地区的一个古老传说：一位美丽的公主被恶龙困在深山之中，勇士乔治只身击败恶龙，将公主救出。公主为了感谢乔治的救命之恩，送给他一本书作为礼物。从此以后，书籍就成了胆识和力量的象征。

然而，书籍不仅象征胆识和力量，它还象征：

1. 知识和智慧：书籍是知识的源泉，蕴含着人类智慧的结晶。通过阅读书籍，我们可以获取各种学科和领域的知识，不断丰富自己的智慧。

2. 文化和传承：书籍承载着不同文化的精髓和传统，是文化传承的重要工具。通过阅读书籍，我们可以了解和传承文化遗产。

3.**启迪和指引**：优秀的书籍能够启迪人们的思想，指引前行的方向。它帮助我们在人生的道路上找到答案，提供智慧和指引。

4.**创造力和想象力**：书籍激发和培养我们的创造力和想象力。文学作品、故事和诗歌等能够让我们在脑海中构建出丰富的画面和故事情节。

5.**内省与成长**：优秀的书籍能够引导我们深入内省，反思自我，实现个人的成长和改善。

6.**愉悦和放松**：阅读是一种愉悦的体验，它能够让我们暂时忘却烦恼，沉浸在书海的世界中，找到宁静和放松。

我想到了一句诗来形容阅读的力量——"润物细无声"。也许读书的意义就在于，它能够提升我们的思维和认知，使我们在生活的苦难面前，内心强大，能够自我疗愈。

末了，对于女性为什么要阅读这件事，我想用杨澜女士的话来作答："有人问，女孩子上那么久的学、读那么多的书，最终不还是要回一座平凡的城，打一份平凡的工，嫁作人妇，洗衣煮饭，相夫教子，何苦折腾？我想，我们的坚持是为了，就算最终跌入烦琐，洗尽铅华，同样的工作，却有不一样的心境，同样的家庭，却有不一样的情调，同样的后代，却有不一样的素养。"

若更现实些，亦舒的观点也很赞："读那么多书干什么呢？

就是在紧要关头，可以凭意志维持一点自尊：人家不爱我们，我们站起来就走，不作无谓的纠缠。"

阅世：世界上没有打不开的门

所谓阅世，就是经历世事，狭隘地说，就是阅历。纸上得来终觉浅，绝知此事要躬行。人生在世，书看得再多，如果不走入社会，终是纸上谈兵。正如文学家张潮在《幽梦影》中写道："少年读书，如隙中窥月；中年读书，如庭中望月；老年读书，如台上玩月。皆以阅历之深浅为所得之深浅耳。"说明阅历对读书至关重要。

一个人的阅历是否丰富，与其生活经历密切相关。但是经历不等同于阅历。经历是一种经过，是一种直观体验，阅历则是在直观体验的基础上形成的对经历的思考、领悟、概括和提炼，是感性与理性的有机结合。一个人只有勤于反思，才能从经历中领悟到人生真谛，才能将经历升华为阅历。

有人说，成熟有三个标志，即心态与年龄匹配，欲望与能力匹配，境界与阅历匹配。阅历是你走过的路，看过的风景，经历的人事，更是你一路走来的观察与对世事的思考。阅历是岁月在你生命年轮上刻下的印记，是灵魂饱经风霜后赠予你的坚忍，更是你体验人生百味后感悟到的世事无常。当岁月沉淀，你的稚嫩和青春飞扬被换成责任和枷锁，你的人生阅历才算圆满。一个人如果只有经历而没有阅历，他就只有年龄、欲望和境遇而没有成长，当他面对红尘世事，面对人生变故，就会看不开、放不下，所到之处皆是大门紧闭，毫无出路。所以，一个成熟的人，一定饱经世故。

那么，如何才能丰富你的阅历呢？在我看来，就是在天地自然之间寻找安顿心灵的意境，以及在人性之中孕育心灵的温度。简言之，走出去，暖起来。

作家毕淑敏说得很好："你必得一个人和日月星辰对话，和江河湖海晤谈，和每一棵树握手，和每一株草耳鬓厮磨，你才会顿悟宇宙之大、生命之微、时间之贵、死亡之近。"事业稳定以后，除了疫情三年，我每年都会安排自己出去旅行。我还把高中毕业后怀揣梦想来到北京视为我人生的第一次旅行。从第一次旅行至今，我觉得每一次旅行赋予我的意义都是非同凡响的。我出去旅行不是为了跟风，更不是为了显摆，而是为了休整，为了学习和灵感。已经说不清楚自己去了多少地方，但是我敢肯定地说，在我的作品中，一定融入了我看过的风景、见过的人和动过的情。我打开了世界的很多门，也打开了自己的思路和胸怀，天地之大，任我翱翔，敬畏生命，感恩遇见。

有人说这世间就是个名利场。我觉得能全身而退的人就是高人。但是高人并不难做，就是在这人世沉浮中，采撷到那人性的光辉，或者说是寻找心灵的感动。虽然世事有好恶，但我们不能只看到恶，而应该感知善，使心灵暖起来。因为心灵的温度决定了一个人的生活和生命状态。

心灵的温度，可以是心灵对人间冷暖的感受程度，可以是对他人身上的真、善、美的感动程度，还可以是心灵深处生发的对人生、生活的热情程度。

寻找心灵的感动是一个个人内在的过程，它可能因人而异，但是我想，以下的一些建议可以帮助你寻找到心灵的感动：

1. 阅读优秀的文学作品、欣赏精美的艺术品、观看感人的电影等。

2. 走进大自然，与大自然亲近接触，观赏美丽的风景，欣赏日出日落，感受四季交替。

3. 关注他人的善良行为和温暖之举，感受他人的爱和关怀。

4. 通过冥想、静心、反思等方式，追求内心的深度和平静。

5. 学会感恩生活中的一切，包括困难和挑战，感恩周围的人和事。

最重要的是，要保持开放的心态和敏感的感知力，用心去体会生活中的美好和意义，去感受内心的波动。心灵的感动往往是细微的、不经意的，需要我们用心去寻找和体会。同时，每个人的感动点可能不同，关键是了解自己，找到真正触动自己心灵的事物和时刻。

阅人：读他人，内观自己

都说行万里路不如阅人无数，我觉得是有一定道理的。虽然阅历可以增长我们的见识，但是在人际交往中，阅人无数能够使我们更深入地了解他人，在人际关系中更加智慧和灵活，并能使我们内观自己。

"阅人无数"自然不是见人无数，你看每天从我们身边擦肩而过的人实在太多了，我们不可能都去"阅"。而我们走在路上，与认识的人打招呼，那也不叫阅，那充其量只是泛泛之交或点头之交。真正的阅人，是通过与之交往，了解他的故事，发现他的优点，从中看到自己的影子，然后学习、借鉴、改进，变成更好的人。这就是阅人观己。

我们终其一生都是在与人打交道，每天都会遇到形形色色的人，而每一个人都是独立的个体，在其身上都有自己独特的个性，需要我们仔细琢磨、细细品味，从而真正了解他。阅的人多了，自然就习得了识人之术。可以说，阅人是方法，识人才是结果。

阅人和识人有什么区别呢？

比如在一间屋子里，一些男女青年正在跳舞。心理学家请一个人数一数人群中有几位穿黑色衣服的男士。这个人自然答对了数量。然后心理学家问他，跳舞的人群中有一只黑熊，你看到了吗？这个人说自己没有注意到，因为注意力都集中在黑色衣服上了。

　　这个案例说明，如果优秀的人出现在你面前，你却看不到他身上的优点，那么阅再多人都是没有用的。更何况平凡如我们，身边更多的是普通人，优点可能不明显，缺点也不少，这就更加需要我们练就一双洞察人心的慧眼。当我们看到他人身上的闪光点，就应该向他靠近，努力学习；当我们看到他人身上的不足，就要审视自己，看看自己是否也有同样的缺点，然后当成自己的经验，不再重蹈覆辙，这也是一种成长。

　　不得不承认，人来人往是人际交往的常态。在我们成长的每个阶段，身边总会有一些人陪伴左右。可是有的人似乎走着走着就散了，有的人却相识于年少相伴到暮年。暂且不论那些与我们走散的人如何，而那些留下来的人，一定是通过了我们的审阅，被我们欣赏且对我们有所助益的人，更是我们一生中最宝贵的财富。

02

认知水平越高，看不惯的东西越少

大家都知道"朝三暮四"这个成语，它出自《庄子·齐物论》，讲的是这样一个故事：

战国时期，宋国的一位老人在家里养了很多猕猴，左邻右舍也因此而称他为"狙（古书中指猕猴）公"。

由于养的猕猴太多，狙公家里的粮食消耗很快。有一天，狙公发现家里的存粮无法维持到新粮入库，便意识到有必要限制猕猴的食量。可是如何限制呢？猕猴如果没有得到满足，就会像调皮的孩子一样经常捣乱。所以，狙公不得不想办法安抚它们。

狙公家附近有一棵高大的栎树，每到秋天，树上就会结满猕猴爱吃的球形坚果——橡子。在粮食不足的情况下，狙公决定用橡子去满足猕猴的需求。

狙公对猕猴们说："以后每天早上给你们吃三个橡子，晚上给你们吃四个。"

猕猴一听，不乐意了，生起气来。

狙公连忙改口说："那就每天早上给你们吃四个橡子，晚上给你们吃三个，好不好？"

猕猴听了很满意，高兴得手舞足蹈。

人们都知道，在橡子的分配上，"朝三暮四"和"朝四暮三"的性质是一样的，可是对于无知的猴子来说却无法领会，因为它的智慧有限。而狙公却能利用自己的智慧，通过妥善安排橡子供给的方式，成功解决了问题，维持了与猕猴的和谐关系。这就说明，一个人的认知水平很重要，认知水平越高，越能够处理好人际关系。

眼界高的人不谙是非

不同层次的认知水平会塑造一个人的眼界和格局，从而影响他对事物的看法、理解以及处理问题的角度和方式。这样的差异导致了相同的事情在不同人身上可能会产生不同的结果。正如有人说的："你从30楼往下看，看到的全是美景，你从3楼往下看，看到的全是垃圾。"高度不同，看到的风景自然不同。

一个人的认知水平越高，他看待事情就越客观，他的眼界就越开阔，他的境界和人生格局也越高；一个人的认知水平越低，他看待事情就越主观，容易管中窥豹，一叶障目。

孔子带着弟子周游列国。有一天，子贡和一位绿衣人因为一年有几个季节的问题展开辩论。

子贡觉得这个问题太简单了："一年当然有四个季节。"

绿衣人却摇着头说："错，一年有三个季节。"

子贡觉得他在无理取闹："明明是四个季节。"

"就是三个季节！"

两个人争执了半天，谁也不服谁，声音也越来越高。

这时孔子走了过来，看了看绿衣人，便对子贡说："你错了，一年只有三个季节。"

子贡一脸不可思议地看着老师，什么也没有说。

绿衣人这才高高兴兴地走了。

子贡立刻充满疑惑地问孔子："老师，一年明明有四季，您怎么说是三季呢？"

孔子笑着回答："你没有看到那人身着绿衣吗？他是蚱蜢变的。蚱蜢春生秋死，一生只活三季，根本没见过冬天。所以在他的认知里，一年只有三季，你和他讲道理能讲通吗？何必浪费口舌呢？"

庄子说："夏虫不可语冰，井蛙不可语海。"每个人都有自己的生活经验和认知范围，但这种认知是有限的。我们无法完全理解或体会与我们经历和环境不同的事物。正因为如此，我们应该保持谦逊，不要妄自菲薄或傲慢自大。而认知水平高的人通常会更加开放和包容，不会过于苛责或强行评判是非。这是因为，他们在拥有广泛知识和多样经历的基础上，更能够理解事物的复杂性和多样性，从而能够更全面地看待问题，并对不同观点和观念保持相对宽容的态度，所以他们往往不谲是非。

狭隘者看什么都不顺眼

与眼界高的人相比，狭隘者由于思维能力和信息处理能力有限，所以经常对很多事物持负面的、不顺眼的态度。这种心态常常源自他们对新观念、不同文化、异类思想或者外部因素的抵触，表现为对多样性的缺乏包容性和宽容性。

罗永浩曾在一次采访中说，自己年轻的时候总是对那些有迷信思想的人嗤之以鼻，觉得他们思想落后，自欺欺人。所以，他不屑于与他们做朋友，而且一看到那些迷信风水、求神拜佛的人就特别反感。直到后来他自己创业，才逐渐理解那些人的做法。

创业者所要承担的风险很大，不管是迷信风水还是求神保佑，都只是他们缓解压力的一种方式，以求心灵的慰藉，这原本就是无可厚非的。所以罗永浩这才意识到自己曾经的狭隘。

杨绛先生在《走到人生边上》里说："丑人照镜子，总看不到自己多丑，只看到别人所看不到的美。"这种现象其实是一种心理防御机制，被称为"自我美化"或"镜子效应"。这种人倾向于看到自己更加美好的一面，而对自己的缺点或不足忽视或减少注意。映射到别人身上就是，他只看得到别人不好的一面，而无法看到别人的美。

杨绛先生在《镜中人》中讲了她家老妈子郭氏的故事。郭氏长相极丑，审美眼光却奇高，经常对别人的长相评头论足。

有一次，郭氏当着杨绛先生的面评论一位高干夫人："一双烂桃眼，两块高颧骨，夹着个小鼻子，一双小脚，走路扭搭扭搭……"

杨绛先生心想，"这不正是你自己吗？"

郭氏就是典型的心胸狭隘、目光短浅之人，这种人的特点是：

1. 对其他人的观点、文化、生活方式或者新事物持有偏见和固执的态度，更倾向于坚持传统或习惯的方式。

2. 不愿意接触或尝试新的经验、观念或文化，对改变和新观念抱有抵触态度。

3. 只关注特定领域或特定类型的信息，对其他事物不感兴趣。

4.过度关注自己的需求和观点，忽视他人的感受和权益。

总之，这种人对别人无比挑剔，看什么都不顺眼，对自己的缺点却视而不见，自视甚高。这样的人一般过得并不如意，也不讨别人喜欢。

那么，如何消除狭隘呢？这可能就需要持续的自我反省和积极的行动。以下是一些实用的方法。

1.首先要意识到自己是否存在狭隘的倾向。多问问自己，是否对其他人的观点、文化、生活方式或者新事物抱有偏见或不开放的态度。

2.主动接触不同文化、背景、观点的人和事物。参加多元化的活动、社交圈子或者阅读广泛的书籍，拓展自己的视野和认知。

3.努力学习理解其他人的观点和处境。倾听他人的故事，理解他们的背景和动机，培养自己的同理心和宽容。

4.对自己的观点和偏见进行批判性思考。审视自己的观念，问自己为什么会有这种看法，是否有可能有更全面的解释。

5.避免因种族、性别、宗教信仰或其他特征，而对他人进行刻板定义。尊重每个人的独特性和个体差异。

6.经常反思自己的行为和思维，审视是否有不开放的表现，以及是否有机会改进自己的态度。

不过，消除狭隘是一个渐进的过程，需要持续的努力和自我提升。重要的是保持谦逊和开放的心态，欣赏多样性，并尊重他人的独特性。通过积极的行动和思维方式的改变，逐渐消除狭隘，成为更开放和宽容的个体。

提高认知水平，消除偏见

中国政法大学教授罗翔曾在其书中披露："我是一名湖南人，从小我就为生为湖南人而骄傲。我瞧不起一切外省的人与事，也对外省人不屑一顾。"

在他参加工作以后，为人处世方面依旧很冷淡，他的口头禅就是"关我什么事"，身边每有人犯错，他都会直接指出来，毫不讲情面。

后来，罗翔在不断地阅读和反思的过程中发现了自己的狭隘，他开始学着放下偏见，去包容身边的人和事，慢慢地他的性格变得温和起来，待人接物也圆润了许多。身边的朋友和同事对他的印象也大大改观。

这就是认知水平的提高给一个人带来的积极影响。它可以打破那些既有的僵化思想，消除偏见，使人变得更加成熟和理性，懂得宽容和尊重他人的一切，并能够更好地与他人建立良好的关系，有助于其个人在社交和职业生活中取得更好的表现。

讲了这么多，有人可能要问，那么，一个人的认知水平究竟来自哪些方面呢？它包括：

1. 教育程度：受过良好教育的人通常拥有更广泛的知识和学习技能，能够更好地理解和分析问题。

2. 经验和学习：个人的经验和学习历程对认知水平有很大影响。积极学习、不断探索和实践有助于提高认知水平。

3. 智力和天赋：个体的智力水平和天赋也会影响其认知能力。智力高的人通常更容易理解抽象概念和解决复杂问题。

4. 思维方式：批判性思维、创造性思维、逻辑思维等不同的思维方式也会影响认知水平。

5. 阅读和信息获取：经常阅读和主动获取信息可以拓展知识面，增加认知深度和广度。

6. 社交交往：与他人交流和讨论可以激发思维，带来新的观点和见解。

7. 心理和情绪状态：个人的心理和情绪状态也会影响认知水平。积极乐观的态度有助于更好地处理问题。

8. 文化和环境：个体所处的文化和环境背景会影响其接触到的知识和观念，进而影响其认知水平。

9. 健康状况：身体健康与认知功能息息相关。健康问题可能会影响个人的思维能力和信息处理能力。

10. 自我反思和反馈：持续的自我反思和接受他人的反馈有助

于改进和提高个人的认知水平。

　　综合来看，一个人的认知水平是一个复杂的多元组合，受到多个因素的影响。它不仅是一个人知识的量化体现，还涵盖了个体的学习能力、思维方式、社交技能和情绪管理等方面。我们可以通过不断学习、积极思考、主动交流和积极参与各种活动，逐渐提高和拓展自己的认知水平，成为更好的自己。

03

无用之物当弃，无缘之人当舍

　　一个日本女生在读大学的时候，有一次去高野山中的庙宇寄宿。第一天，师父递给她两套僧服，然后把她自带的衣物全部扔到窗外，对她说："对物质放下的过程，就是清理自身、精简迷惑的过程。"

　　后来，这个女生结缘瑜伽，从中学到了"断行、舍行、离行"，并将"断舍离"的理念践行并推广了二十多年，还写了那本众所周知的书籍——《断舍离》，凭一己之力在全球掀起了收纳风潮。这个女生就是后来成为知名作家的山下英子。

　　"断舍离"是一种思想和生活方式。这个词汇的直译意思是"断绝、舍弃和放下"，它所表达的核心概念是通过舍弃不必要的物质、情感和想法，来获得内在的宁静、清爽以及更有意义的生活。

在现代社会，人们常常被过多的物质负担、琐事和情感包袱所累，而"断舍离"提倡通过有意识地剔除这些不必要的东西，以腾出空间和精力，让自己更专注于真正重要的事情。

具体来说，"断舍离"可以体现在以下几个方面：

1. 断：在物质层面，"断"意味着割舍不必要的物品和杂物，创造一个更整洁、有序的生活环境。这包括清理储物空间、摆脱不再使用的物品，以及拒绝不必要的购买。"断"使你的居住空间更加舒适，减少了物品管理的压力，也让你更能专注于珍惜那些真正有价值的东西。

2. 舍：在情感和心灵层面，"舍"意味着放下过去的情感包袱、消极情绪和执念。这可能包括与旧友、旧恋人的联系，或是超越曾经的失败和挫折。通过"舍"，你可以减少焦虑、愤怒和痛苦，为内心创造更多的空间，以便接纳更多的积极情感和平静。

3. 离：在心态和生活态度上，"离"鼓励你不再过于担忧过去或未来，而是专注于当下。这样的心态能够让你更深刻地体验生活，珍惜眼前的瞬间，并减轻因对未知和未来的担忧而产生的压力。"离"让你能够更充分地活在当下，获得更大的满足感。

综合这三个方面，"断舍离"的目标是为了创造一个更加平衡、轻松和有意义的生活。它不仅仅是对物质的整理，更是对情感、心态和价值观的调整。通过剔除不必要的物质、情感包袱和焦虑，你能够找到更多内在的宁静和满足，过上更自由、有质量的生活。

少即是多，生活到极致是极简

爱因斯坦说："凡事力求简单，直至不能再简。"生活像一团麻，纷繁复杂。巧妙的是，有时候去繁求简、去奢求廉，恰好是快乐的秘诀。

乔舒亚·菲尔茨·米尔本从小家庭贫穷，父亲患有精神病，母亲爱酗酒。从 14 岁起，他便不得不为生计奔忙。不过，在 20 多岁时，他已经成为公司中最年轻的总监之一，年薪达到七位数。他购买了人生中第一套房子，娶了一位美丽的妻子。这个过程无疑是很多人梦寐以求的"美国梦"。

在取得如此多的成就之后，乔舒亚的重心始终放在工作、追求财富和成功上。然而，这种追求也导致他忽略了自己的健康、眼前的生活以及与爱人的关系。

从渠道经理到主管的位置，他努力了近十年，在这十年中，他每周工作超过 70 个小时，每年工作 362 天。

他热衷于购物，希望用金钱换取快乐。他暴饮暴食，企图用食物填补空虚，明明才二十多岁，体重却超标 60 多斤。

给他致命一击的是，在他 28 岁时，母亲去世，他的婚姻也到了支离破碎的地步。在面对这些失去的时候，乔舒亚开始思考人生的真正意义。"过于追求物质，我不但没有得到幸福，反而失去了真正的幸福。"

他决定拥抱极简主义的生活方式。他开始削减物质负担，第一步就是丢弃物品。他试着在 30 天里丢弃 30 个物件，丢掉没穿过的衣服，丢掉没用过的器皿，这一丢，他竟然上了瘾。最后，他丢掉 90% 的东西，只剩下 288 件物品。"留下来的每一样都是不可或缺的。"

他还辞去了高薪工作，放下了过去的包袱，重新开始追寻自己热爱的事业——写作，力图用自己的文字和经验为他人的生活带来价值。

从繁忙的生活转向极简，使乔舒亚尝到了甜头：他不再承受巨大的压力，整个人变得冷静满足，身体状况也得到改善。他更高效、更幸福，能够将注意力集中在写作上。对于这样的极简生活，乔舒亚不但没有感到空虚，反而觉得内心越来越充实。

后来，他出版了《极简主义》一书，并在书中告诉人们："少即是多。为你所支配的物品终究会反过来支配你。做一个极简主义者不只意味着在手边的东西很少，更重要的是拥有的很少。因为'拥有'这件事本身才是压力之源，让人远离自由。"

乔舒亚的故事告诉我们，只有放下多余的物质和压力，才能重新找回生活的平衡与意义。因为过多的物质负担和不必要的压力往往会让人感到沉重和焦虑,影响人们对生活的真正体验和欣赏。通过采取极简主义的生活方式,人们可以专注于真正重要的事情,减少无谓的担忧,更加深刻地感受生活的美好和意义。

放下多余的物质可以帮助人们减少消费和追求表面的满足感,从而更加注重内心的满足和精神层面的充实。这有助于建立更深刻的人际关系、追求有意义的活动以及发展个人的兴趣爱好。同时,减少物质负担也可以帮助环境,减少资源消耗和环境污染。

减轻压力则意味着减少不必要的焦虑和紧张感。过度的压力可能来自追求过多的目标、社会期望、负面情绪等。通过调整心态、设定合理的目标和采用应对压力的方法,人们可以更好地管理压力,使生活更加平衡和有意义。

因此,放下多余的物质和压力是一种积极的生活选择,可以帮助人们重新审视自己的价值观和目标,寻找到更深层次的生活满足和意义。

优雅的女性,从来不为物质所累。

已经有越来越多的女性认识到,生活的快乐,其实并不在于我们拥有多少东西,甚至有时候,我们拥有的越多,可能越不幸福。

因为当我们的世界被越来越多的东西填满时,就会分不清哪些是自己真正需要的,哪些只是华而不实的装饰品,哪些只会让自己耗尽心力去维护和保持，丝毫不能给自己带来益处。而优雅的女性懂得，只有真正认识到生命中断舍离的真谛，才可以在这个乱花渐欲迷人眼的世界独留守住一份属于自己的简单和宁静。

不为物质所累的女性，懂得淡泊人生的道理。为了更好的自己，她们会果断地放弃一些包袱，让自己更从容地面对生活，轻装上阵。

一个优雅的女性，会熟练运用这种生活的智慧，重新定义物品和自身的联系，进行有效的整合资源，构建自我的世界，让自己所处的环境，井然有序，观照本心，形成对自己生命的俯瞰力，达到驾驭简约人生的境界。

当然，这样的能力需要长期的修炼和思考，希望以下的一些方法可以给女性朋友作为参考。

1. 首先确定基础生活的必需品，划分好区域

在一个地方住久了，不知不觉就会有各种各样的东西塞满并不宽裕的空间，家变成了一个琐碎烦乱的空间，我们甚至会因为这种杂乱而不爱回家。如果你现在就处于这种状态，那么是时候做一番清理了。根据衣食住行，划分好清晰的区域。

女性最容易乱的莫过于衣柜。打开它，把四季内外衣，鞋帽饰品，根据各种场合的需求，收纳到衣柜里。然后是厨房，油盐酱醋，锅碗瓢盆，米面谷酒，各类厨房用品，整合到橱柜里。卫生间，将牙膏牙刷香皂毛巾等洗漱用品，收纳在洗漱台上；拖把抹布垃

圾桶等卫生用品收纳在角落。

以此类推，将工作相关、兴趣相关、娱乐相关……的东西分门别类地归置整理。

最后，把那些几乎从来没有用上的东西都捐赠出去吧，因为有 99% 的概率，我们以后也不会用到它。

2. 重新组合空间，各归其位

每样东西都应该有属于它的位置，它在那里有自己的同类，有它的实用价值，有属于个人的回忆和生命力。把我们定义好的物品集合起来，以最优雅的姿态，安放在划分好的功能区中，乳燕归巢般让人熨帖。作为回报，它们会安静地躺在角落，与我们交流、共鸣，像一个老朋友，在每一个相似而又平凡的时刻，给女性最贴心的守候。

这个时候，你会发现，那些因为贪图便宜买下的小玩意几乎没有立足之地，我们也会因此明白，什么才是与自己相匹配的物件。

3. 维持

客观的现实世界，并不会因为我们主观的意愿而保持整洁，相反，它们只会越来越乱。

就像我们打扫完卫生，一个星期后房间又会变回了脏乱差的模样，心情也随之变得杂乱起来。这个时候，我们需要做的是让散乱无序的生活变得有条理、有规律起来，这就需要我们付出额外的心力。

其实，只要我们保持良好的生活习惯，生活就会变得简单起来。一开始你可能很难适应，但是时间长了，我们会发现自己的生活会有令人惊喜的改变。

比如地面每天拖一遍，每天洗完澡就顺手把袜子和内裤洗干净，床单定期换洗一次，垃圾每天出门时带出去，按时刷牙洗漱，回家就把鞋子擦拭干净收好，用完东西物归原处……

一个优雅的女性，她的生活空间一定是井然有序的，她走出来总是清爽干净利落的，她的时间不会因为杂乱无章的摆设而荒废。

壁虎断尾，才会重生

26岁的婷婷最近失恋了，谈了三年的恋爱，终因男方的劈腿而告终。整整一个星期，她躲在家里足不出户，终日以泪洗面，感觉天都塌了。

其实，婷婷自身的条件很不错，高挑、漂亮、阳光，学习成绩也好，还是校音乐队的队长，每天淡妆加持，整个人自带光环。可是自从和男友谈恋爱以后，她就逐渐迷失了自我，一切以对方的喜好为中心，穿他喜欢的性感衣物，画他喜欢的浓妆，放弃唱歌的爱好，改跳肚皮舞。

婷婷以前的饮食很清淡，谈恋爱后就整天跟着男友吃麻辣烫、烧烤，连她喜欢的旅行也放弃了，三年的时光，几乎都是枯坐着陪他在游戏中厮杀。

可是即便如此，男友还是毫不留情地说出分手，因为他有了新的"猎物"。婷婷的伤心绝望难免有多种原因。她哭自己被分手的难堪，哭被践踏的尊严，哭迷失了自我的那三年青春，哭自己遇人不淑。

但是作为旁观者，我们难道不觉得，这样的感情分了更好吗？将时间和精力投入到一段不健康的关系中只会逐渐消耗你的情感，最终可能使你的状态变得更糟。像婷婷这种情况，虽然三年青春被毁于一旦，从前的优秀和美好也一去不复返，但所幸还年轻，还没有踏入婚姻，被分手反而是一个很好的契机，就此壁虎断尾，获得重生。

在感情方面，如果你在面对一段不健康、困扰或破裂的感情时一直不采取行动，情况可能会变得越来越复杂，情感和心理上的困扰也会逐渐加深。一定要勇于面对现实，不要因为恐惧、依赖、舍不得或其他原因而继续让事情继续下去，正所谓"当断不断，必受其乱"。做出必要的决断，可能是结束一段不健康关系、重新定义界限，或者是采取其他行动，以便寻找更好的解决方案或走向更健康的关系。

　　断掉消耗你的感情，舍弃消耗你的人，同样属于断舍离的哲学范畴。在女性生命的长河中，舍弃在另外一种意义上就是得到，是一种智慧的生活态度。正如一些漂亮但不合适的衣服要扔掉一样，一些美丽但是伤己的感情要放弃，一些不爱自己的人要忘掉。

　　放下，才能走得更远，断舍离，是幸福生活的第一步。这个世界看似复杂无序，本质上却只是你一个人的世界。你若澄澈，世界就干净；你若简单，世界就难以复杂。只有做到笑对生命中的断舍离，才能从容驾驭我们的人生。

04

拥有高质量的深度关系

　　有人说，我有很多朋友，每次我发朋友圈都会收获点赞无数，可是当我遇到难题时，却不知道该找谁诉说。

　　有人说，在外人看来，我与伴侣的感情很好，因为我们几乎不吵架，可是只有我知道，我们只不过是把柴米油盐的日常关系维护得很好，但是在关键时刻，我们应该都不是那种会为对方奋不顾身的人，因为我们的精神交流是浅尝辄止的，我们的亲密关系根本没有多么深厚。

　　还有人说，我父母双全，兄弟姐妹众多，家庭圆满，朋友遍及五湖四海，可为什么还会时常感到孤独？

　　是啊，身边那么多人，为什么感觉还是自己一个人？那是因为，很多人只是与你有关联，而不是真正与你有深度关系。

在人际关系中，什么样的关系才算是深度的？具体到生活中就是，虽然你只有三两好友，但是在你有需要的时候，可以毫不顾忌地给他（她）打电话倾诉，或者深夜去敲他（她）的门；又或者，当你饥肠辘辘地回到家中却看到另一半在呼呼大睡的时候，你知道他不是懒而是实在太累了。

深度关系与一般关系的区别就在于，彼此的了解程度、依赖程度、关心程度和信任程度更高。你们之间有着广泛的、深入的而且私密的了解，能够相互需要和彼此影响，并关心对方的心情、身体和精神，对对方的喜怒哀乐能够感同身受，不怕对方会伤害自己。简单地说，这是一种信任的、亲密的、安全的关系。

经科学研究证实，一个人的幸福度，90%取决于他的人际关系的质量。我们每个人都应该与他人建立深度关系，而且是高质量的，因为它是你获得幸福感的重要源泉。

高质量的深度关系涵盖了亲密伴侣、导师、心灵伴侣、信任的朋友、团队合作和精神指导等方面的关系。这些关系在情感上更为紧密，能够为人们带来情感的满足、共鸣和成长。

展现真实，一切才会开始

生活中，一定有那么一些你已经认识十年、二十年甚至更长时间的人，可是你们之间只能算得上是熟人，并没有建立深度关系。这是为什么呢？因为虽然你们是旧识，但是并未向彼此展现真实的自我，这就意味着，你和这个人的关系没有真正开始。

怎么才算是真实？就是尊重彼此的感觉。想想你的那些泛泛之交，你会尊重他的感觉吗？并不会。因为你们的感情没有深入到那个地步。所以说，在一段人际关系中，时间与深度不是成正比的。如果你没有展现真实，一切都只是尚未开始。

历史上有一对著名的朋友，他们的友谊被称为管鲍之交，堪称深度关系的典范。他们就是管仲和鲍叔牙。

年轻时，管仲和鲍叔牙曾合伙做生意。管仲家境贫困，鲍叔牙家境富裕。虽然管仲持有的股份较少，鲍叔牙持有的股份较多，但是每次分红时，管仲都会给自己分更多的钱，占取一些便宜。而鲍叔牙对这样的安排毫无异议，因为他明白，管仲并非品德有问题，而是他家贫需要更多钱来养家。

有一次，管仲帮助鲍叔牙办事，不仅没有成功，反而起了相反的作用。但鲍叔牙并没有责怪管仲，他认为失败并非管仲本事不行，而是时机未到。

管仲曾经三次从战场上逃跑，被众人嘲笑，说他是贪生怕死之人。然而，鲍叔牙了解其中的真相，知道管仲的行为并非因为怕死，而是他家中有年迈的母亲靠他供养，他不得不以这样的行动来保全家庭。

齐桓公继位后，邀请鲍叔牙出任齐国的重要职位，但鲍叔牙自愿放弃了这个机会，转而推荐了管仲，尽管管仲当时身陷牢狱。正是这一举动，促成了管仲与齐桓公共同开创的辉煌霸业。

当然，管仲对鲍叔牙也充满了真挚的感情。鲍叔牙喜欢吃一种特别的鱼，管仲就想方设法确保这种鱼的供应。后来，人们将这种叫作鲍鱼，这就是鲍鱼的来历。

这个故事生动地阐述了高质量的深度关系是如何建立在真实、信任、理解、支持和共同成就之上的，正是这些特质构建了坚实的情感纽带。在任何一段深度关系中，这些元素都是必不可少的。

首先，真实是关系的基石。无论是分享欢乐还是面对挑战，真实的表达能够让关系更加稳固。真诚的对话让双方更好地了解彼此，建立起互相信赖的基础。

信任：信任是深度关系的支撑，它是建立在长期稳定互动和共同经历之上的。信任让人们愿意彼此打开心扉，分享内心的想法和隐私，同时也能够依赖对方的支持和帮助。

理解：理解是尊重和关心的体现，它要求人们不仅在表面了解对方，更要深入了解其背后的动机、情感和需求。通过理解，人们能够更好地协调彼此的行动，减少冲突和误解。

支持：在深度关系中，支持是相互成长和发展的重要动力。

无论是在成功时还是在挫折时，朋友或伴侣的支持都能够给予人们积极的能量和动力，让他们感到被理解和重视。

共同成就：共同的努力和成就能够更深刻地连接人们。在一起克服困难、追求目标、共同取得成就，不仅能够增强关系的紧密度，也会留下美好的回忆和共同的经历。

总的来说，高质量的深度关系是一种相互的投入和付出，它需要双方共同努力去培养和维系。真诚的沟通、坚定的信任、深入的理解、持久的支持以及共同的成就，都构成了这种关系的基石，让人们能够建立起深刻、持久、有益的情感纽带。无论是友情、家庭关系还是合作伙伴关系，这些要素都能够让关系更加美满和有意义。

相处不累，久处不厌

六十六年恩爱如初，有一种爱情叫作钱钟书和杨绛。作为民国婚姻的楷模，钱钟书和杨绛的关系无疑是一种高质量的深度关系。然而，决定这段感情的甜蜜度和长久度的，并不是他们本身的优秀，而是他们灵魂契合、相处舒服。

钱钟书虽是大才子，可是自理能力却很差，不会打领结，穿鞋不分左右脚，所以大多数时候都是杨绛在照顾他。他们结婚后，"十指不沾阳春水"的大小姐杨绛慢慢学着做家务，最后竟变得

"样样在行"。连钱钟书的母亲都曾感慨道："（杨绛）笔杆摇得，锅铲握得，在家什么粗活都干，真是上得厅堂，下得厨房，入水能游，出水能跳，钟书痴人痴福。"

据杨绛回忆，钱钟书初到牛津时，一个人出门，结果在下公交车时摔了一大跤，"吻了牛津的地"，磕掉大半个门牙。在很长一段时间里，钱钟书的口头禅就是"我做坏事了"，而杨绛从不抱怨，还耐心地为他善后。

钱钟书出了名的爱猫，也很护短。有一次，他的猫半夜和邻居家的猫打架，他听到后，立刻钻出被窝帮自己家的猫打架。杨绛急了，因为当时她家邻居是梁思成夫妇。她一边穿衣服一边对钱钟书说："打猫要看主妇面。"可是爱猫心切的钱钟书完全听不进去，哪怕这句话还是他本人在《围城》中说的。杨绛觉得又好气又好笑，但还是选择在寒风中给他放风。

不过，钱钟书虽然不懂琐事，对杨绛却非常贴心。有一次，杨绛问他："你为什么每次吵架都让着我，我有时候反思并不只是你的错。"

钱钟书回答说："因为你是我的，就算吵赢了，又能怎样？赢了道理，输了感情，丢了你，我就输了人生的全部，两个人的世界总要有一个闹着，一个笑着，一个吵着，一个哄着。"

这大概就是最好的爱情吧，虽然你不是最完美的，但是我们在一起就很完美，相处不累，久处不厌。这也是婚姻中的深度关系所应具备的特质。

高质量的婚姻，就是双方在一起时感到舒适自然，无须刻意装扮，同时也能够持续地享受彼此的陪伴。在这样的关系中，双方能够彼此充分理解对方的需求和情感，互相支持和鼓励，让关系持续充满活力和意义。

深度关系往往能够经受住时间的考验，不会因为长久的相处而产生疲倦感。相反，它会随着时间的推移变得更加深厚，因为双方通过共同的经历和成长更加紧密地联系在一起。在这种关系中，双方能够真实地表达自己，同时也能够彼此倚靠，分享人生的欢乐和挑战。

那么，在婚姻中，如何才能维持这种相处不累、久处不厌的关系呢？以下是一些方法和建议，也许对您有所帮助。

1. 欣赏对方：在婚姻中，由于相互了解的时间更长，有可能会逐渐忽视对方的优点，而更多地注意到缺点。因此，有意识地培养欣赏的习惯，尊重和欣赏对方的品质、努力和贡献，能够增进互相的尊重和信任，保持关系的新鲜和积极。

2. 保持开放的沟通：坦诚的沟通是维系深度关系的关键。双方应当时常交流，分享彼此的想法、感受和需求。避免积压问题，及时解决分歧，让彼此了解对方的内心世界。

3. 创造共同的兴趣：发展共同的爱好和兴趣可以增加共同的话题和活动，让相处更加有趣。一起尝试新的事物、参加活动，能够创造美好的回忆，增进关系的亲近感。

4. 尊重个人空间：在婚姻中，保留个人的空间和独立性同样重要。尊重对方的兴趣爱好、私人时间，不让关系过度紧密，让彼此都有自己的空间。

5. 保持浪漫：婚后的浪漫同样重要。创造浪漫的氛围，不仅能够让关系更加有活力，还能够提醒双方彼此的重要性。

6. 处理冲突：冲突是避免不了的，但如何处理冲突非常重要。尽量避免争吵和攻击，采用理性、平和的方式解决分歧，寻求共同的解决方案。

7. 共同成长：不断地共同学习、成长和进步可以让关系保持新鲜感。一起制定目标，互相鼓励，能够增强双方之间的深度关系。

8. 保持幽默感：幽默是缓解压力和增进亲近感的良好方式。一起分享笑声和轻松的时刻，能够让关系更加愉快。

总的来说，建立相处不累、久处不厌的婚姻需要夫妻双方共同努力。通过积极的沟通、互相支持、保持浪漫和共同成长，婚姻关系才能长久地充满幸福和满足。

各自随意，彼此在意

网上有人提问说："你认为最好的友情是什么样的？"

一个高赞回答是："不常联络，因为知道彼此的关系不需要依靠经常联络来维系；时常想起，因为不管身在何处，看到适合你的东西或看到美丽的风景，总想与你分享。"

是啊，一段深度关系从来不是相互捆绑，而是彼此忙碌，相互牵挂。

嵇康是竹林七贤之一，他与其他六贤都有着深厚的友情，但其中他与山涛关系最好，两人虽然性格迥异，却惺惺相惜。

嵇康的妻子是魏武帝曹操的曾孙女长乐亭主，因此司马昭掌权后，嵇康选择隐居，拒绝出仕。而山涛不仅效忠于司马昭，还想让嵇康接替自己出任吏部侍郎。

山涛了解嵇康的为人，他这样做的目的不仅是让嵇康免受司马昭的猜忌，还是希望能够改善嵇康的困境。嵇康自然也明白山涛的用意，但他坚持自己的立场，并写下一篇 1800 字的、言辞刻薄的《与山巨源绝交书》，拒绝了司马昭的安排，同时也终止了与山涛的交往。二人从此井水不犯河水，大路通天，各走一边。

后来，嵇康因受司隶校尉钟会构陷，被司马昭处死，年仅四十岁。嵇康在被囚禁并处死之前，并未将子女托付给自己的大哥嵇喜，也没有交托给与他一同打铁的好友向秀，而是选择将子女托付给已经绝交的山涛，并对儿子嵇绍说："巨源在，汝不孤矣。"

山涛没有辜负嵇康的期望，他对嵇绍视如己出，将他培养成人才，并寻找一切机会为嵇康鸣冤叫屈。

司马炎做了皇帝以后，山涛上书道："父亲有罪，与儿子有什么关系？嵇康的儿子嵇绍品德高尚，才华横溢，应该得到重用。"

司马炎也觉得有愧于嵇康，便对嵇绍委以重任。

嵇康和山涛的人生下半场，看似因为一封绝交信而再无交集，但是他们的感情并没有因此覆灭，反而随着无常世事越发深沉，最后谱写出一段感天地泣鬼神的友情绝唱。他们的故事诠释了什么是真正的朋友，即各自随意，彼此在意。正如一句话所说："感情需要在意，生活适合随意。"

"各自随意，彼此在意"这一深刻的表述，描述了高质量深度关系的平衡和特点。

"各自随意"强调了在深度关系中个体的独立性和自由。在这样的关系中，双方能够保持自己的兴趣、活动和个人空间，而不会感到被束缚或局限。这种自由感和独立性能够促使关系更为健康，因为双方不会因为过度依赖而感到压力。

"彼此在意"则突出了深度关系中的亲近和情感联结。尽管双方保持独立性，但彼此之间的情感却是真实而持久的。双方会关心对方的需求、感受和愿望，愿意为对方付出，并乐意支持和鼓励对方的成长。这种在意和关心不仅表现在言辞上，也体现在行动上。

"各自随意，彼此在意"意味着双方在关系中既能保持自己的独立性，也能够享受到对方的关爱和支持。这种平衡能够让关系更为稳固和愉快，同时也允许双方在个人和共同的成长道路上持续前进。

4.

一个人最大的胜利，是战胜自己

01

少年只知多巴胺，中年才懂内啡肽

罗翔老师曾说："人最好不要沉溺于低级快乐，否则你会忘记自己还有更高的追求。"什么是低级快乐？我的个人总结就是，不动脑子就可以获得的快乐。

罗翔老师还曾就这个问题问过网友："你们是喜欢看言情小说，听爆笑段子，还是喜欢读莎士比亚？"

大部分人选择了看小说和听段子。

罗翔老师又问："如果这个问题的是给你们的孩子做选择，请问你们的选择是？"

几乎所有人重新选择了莎士比亚。

看来，人们都知道读莎士比亚比看言情小说和听段子更健康，可是到了自己身上，又架不住后者的吸引力。

　　想必这也是很多人的真实体验。在生活中，我们宁愿花大把大把的时间逛街、打游戏、刷视频，也不愿意花十天半月读一本名著，或坚持每天运动。究其原因，前者给我们带来低级快乐，后者给我们带来高级快乐，而低级快乐来自放纵，高级快乐来自克制。放纵容易克制难，所以人们偏爱前者。

疯狂的多巴胺

　　人为什么会感觉到快乐，因为人体会分泌快乐激素。而我们听得最多的快乐激素就是多巴胺。

　　多巴胺又名 3- 羟胺、儿茶酚乙胺，是下丘脑和脑垂体中的一种关键神经递质，可以帮助细胞传送脉冲。1957 年，瑞典科学家阿尔维德·卡尔森第一个发现了多巴胺，继而确定它有在脑内传递信息的作用，并能影响人们对事物的欢愉感受。这种脑内分泌物与人的情感、思维、运动有关，还与成瘾行为密切相关，由于它能传递兴奋和开心的信息，所以人们又称它为"快乐因子"。

　　然而，多巴胺这种快乐因子所带来的快乐是简单低级的。比如，人们在玩游戏或刷搞笑短视频的时候，体内就会立即分泌多巴胺，使大脑兴奋，只不过这种兴奋感来得快也去得快，人们刚一感受，它就消失了。而人们在尝到甜头以后，出于本能，就会继续重复同样的事情来获得相同的快感，这就是我们说分泌多巴胺的快乐是低级快乐的原因。

长时间获得简单的多巴胺快乐会使人放弃思考而陷入寻找低级快乐之中，从而染上一些恶习，比如抽烟、喝酒、吸毒。看看我们的周围，不眠不休通宵玩麻将的人，不吃不喝打网络游戏的人，输得家破人亡仍不肯收手的赌徒……比比皆是。为此，相关研究者指出，多巴胺其实是一种奖励机制，当你得到你想要的东西，比如甜食、美酒、游戏，多巴胺就会不断地鼓动你：再吃点吧，再喝点吧，再玩会儿吧，你会更快乐的。在期待更快乐的过程中，多巴胺水平会持续升高，使你对甜食、美酒、游戏欲罢不能，从而疯狂地上瘾，并因此偷走你原本可以拥有的健康，以及你原本可以完成某项有意义的工作的时间。

可是正如我们前面所举的例子，人们大都已经认识到自己正在做一些有害的上瘾行为，可就是管不住自己，继续沉沦其中，荒废了时光，堕落了自己。对此，我个人认为，这是因为他们没有科学地对抗上瘾行为造成的。

虽然不能完全抑制多巴胺的作用，但仍有一些建议可以帮助我们对抗对多巴胺的上瘾：

1.了解上瘾行为对身心健康的负面影响，认识到上瘾行为可能带来的后果，这有助于增强对抗上瘾的意识。

2. 如果你发现自己或他人已经陷入了上瘾行为，积极寻求专业的心理咨询和治疗是非常重要的。

3. 与家人、朋友或支持团体建立紧密联系，分享自己的困惑和挑战，获得他们的支持和理解。

4. 尝试将注意力转移到其他有益的活动上，如锻炼、艺术创作、阅读等，让多巴胺的释放源于积极的、健康的行为。

5. 学会控制冲动，设定明确的目标和计划，培养自律和坚持的品质，避免触发上瘾行为的诱因。

6. 保持健康生活方式：均衡饮食，适度运动，保持良好的睡眠，有助于维持大脑的健康和平衡多巴胺水平。

7. 对于引发上瘾行为的物质或情境，尽量避免接触，减少诱发上瘾行为的机会。

需要强调的是，对抗上瘾是一个长期的过程，可能会遇到挑战和反复，持续的努力和专业的帮助是克服上瘾问题的关键。

先苦后甜内啡肽

有人问，为什么玩手机、打游戏、赌博容易使人上瘾，而看书学习、运动却不那么容易使人上瘾呢？这是因为，人类最原始的动物本能驱使我们去追求最大的快乐，同时回避即便微小的痛苦。在心理学中，这被称为"快乐原则"，即本我想做什么就会去做，喜欢自由，不愿受到束缚。而内啡肽就会产生这种所谓的痛苦，它在分泌快乐之前，总要使人们吃苦。

内啡肽是一种由脑垂体分泌的类吗啡生物化学合成物激素，又被称为脑内啡。它可以与吗啡受体结合，产生类似于吗啡和鸦片剂的快感和止痛效果，就像天然的镇痛剂一样。内啡肽与成就感有关，它能使人感到宁静，帮助人们保持年轻快乐的状态。相较于多巴胺的仓促的快乐，内啡肽的作用则是温和而持久的，给人一种安逸、温暖、平静和幸福的感觉。如果说多巴胺是瞬间的心动，内啡肽就是值得守护的长情。正如我们在前文中所说，多巴胺带来的是低级快乐，内啡肽带来的则是高级快乐。

罗振宇说："一个有出息的人应该摆脱多巴胺，追逐内啡肽。"然而，多巴胺易得，内啡肽难求。

我们知道，在我们反复做一些不费脑子的事情之后，多巴胺的阈值将被拉高，给予大脑以鼓励，并使之产生耐受性，将有害无益的上瘾行为变得日常。而内啡肽则是一种补偿机制，它会对你做某件事而感受到的痛苦给予补偿，使你产生终极快感。内啡肽的快乐比多巴胺的快乐来得晚，但它使人更有成就感，因为这种快乐是需要我们克服本能、付出努力和汗水才能获得的更持久、更稳定的愉悦。也就是说，多巴胺是只看眼前，只关注当下，而内啡肽则是一种长期思维过程中不断突破自我的、积极向上的动力。

比如学习的过程并不十分有趣，对于很多人来说甚至是枯燥和痛苦的，但是当你通过辛苦的学习换来巨大的成功，比如考上某名牌大学，或习得一门终生有用的技术，你的成就感将是无与伦比的，这就是内啡肽对你学习的补偿，使你先苦后甜。

比如你每天坚持运动，风里来雨里去，吃了很多身体上的苦，但是几个月之后，你的小肚腩不见了，身型更健美了，人也更精神了，你感到无比惊喜，充满自信和幸福，这时候你会感激自己之前的坚持，你觉得所吃的苦很值得。这就是内啡肽对你持之以恒的锻炼的补偿，它使你健康和快乐。

内啡肽作为一种内在驱动，前期使人痛苦，但也正是这种触及心灵的痛苦，才使得你觉悟得更快，成长得更快。追逐内啡肽的人一定知道自己想要的是什么。在你的目标明确之后，你就不会再惧怕失败，而是想着如何努力提升自己去实现你的目标。在实现目标的那一刻，你是快乐的，并且是长久的、更有价值的快乐。

如果说多巴胺是快活的陷阱，内啡肽就是快活的源泉，要想加强内啡肽对自己的激励作用，就要提高内啡肽的水平。

内啡肽的释放通常与身体的积极运动、情绪体验、社交互动等相关。以下的一些方法应该对你有用：

1. 锻炼身体：有氧运动、慢跑、瑜伽等都可以促进内啡肽的释放。适度的身体锻炼有助于提高内啡肽水平，增加身体的快乐感。

2. 愉悦的体验：参与喜欢的活动、欣赏美景、享受美食等愉悦的体验可以促进内啡肽的释放。

3. 社交互动：与朋友和家人进行积极的社交互动，分享快乐和喜悦的时刻，可以增加内啡肽的释放。

4. 乐观积极的心态：学会应对压力和挑战，保持积极的心态，有助于内啡肽的释放。

5. 创造和表达：参与创造性的活动，如绘画、写作、音乐等，有助于增加内啡肽的释放。一位首席健身教练指出，音乐可以进一步提升内啡肽的分泌，"音乐加上内啡肽就等于魔法"。

6. 笑和幽默：笑和幽默是一种积极的情绪表达，可以促进内啡肽的释放。

7. 放松和冥想：通过冥想、深呼吸和放松练习，可以降低焦虑和压力，促进内啡肽的释放。

8. 黑巧克力：每天吃一小块黑巧克力已被证明可以提高体内内啡肽的水平。

9. 辛辣食物：当辛辣食物刺激你的味蕾时，你的大脑会将辛辣食物的感觉记录为疼痛，从而使你的身体释放内啡肽来缓解这种痛感。

不过，每个人的内啡肽的产生和作用可能有所不同，因此，寻找适合自己的方式来促进内啡肽的激励作用是很重要的。同时，保持健康的生活方式、积极的心态和社交活动，都有助于提升内啡肽水平，并增加身心的快乐感。

一见钟情多巴胺，天长地久内啡肽

有意思的是，爱情是多巴胺也是内啡肽。

爱情在不同阶段的激素分泌及激素水平有所差异，而在爱情发展中起作用的三种激素分别是苯基乙胺、多巴胺和内啡肽，这里我们主要谈谈多巴胺和内啡肽在爱情中的作用。

1. 多巴胺的作用——一见钟情

a. 初期迷恋：多巴胺在爱情初期扮演重要角色，它使异性之间产生强烈的兴奋和迷恋感。初次见面、第一次约会、浪漫时刻等都能引发多巴胺的释放，带来瞬间的快乐、兴奋和心动的感觉，仿佛疾风骤雨般快速而强烈。这种感受常被形容为"恋爱脑"和"爱情上瘾"，使人不由自主地陷入爱情的旋涡。初期的多巴胺释放会让人们产生一种错觉，认为这种狂热的感觉可以永久持续下去，相信爱情可以一直保持如初的激情。然而，多巴胺的作用是有限的，它通常在一段时间后会逐渐减少和消失。

b. 奖励感和依赖：多巴胺与奖励系统密切相关，它增强人们对伴侣的积极感知，带来愉悦和满足感。这种奖励感会使人们更加依赖伴侣，加强对彼此的感情依恋。

c. **使人旧情难忘**：多巴胺带来的美好体验和记忆会使人们对前任产生深刻的情感联结，难以割舍。美国科学家通过研究田鼠发现了这种现象的奥秘。田鼠在进行配对时，多巴胺的释放也会增加，使它们对配偶产生深刻的情感联结。当它们与之前的配偶分开后，仍然对前任产生强烈的留恋。

2. 内啡肽的作用——天长地久

a. **维持稳定感**：随着时间的推移，初期迷恋逐渐过渡到稳定的感情阶段。在这个阶段，内啡肽发挥重要作用，作为一种持久的快乐激素，它给爱情中的人们带来温暖、安全和满足的感觉，有助于维持感情的稳定性，使人们感受到持久的幸福和满足。

b. **减轻焦虑**：内啡肽还有助于减轻焦虑感。在感情中，特别是在面临挑战和压力时，内啡肽的释放可以帮助人们感到安心和平静。

由此可见，多巴胺带来的激情和迷恋是爱情初期的美好体验，但它可能会随着时间的推移而减弱。而内啡肽的作用则与感情的稳定和安全感密切相关，它能帮助人们降低焦虑，体验到温暖和幸福。要想维持爱情的稳定和幸福，平衡多巴胺和内啡肽的作用就显得尤其重要。以下的一些建议，也许可以帮助我们平衡两者在爱情中的作用：

1. **保持适度的激情**：初期的多巴胺释放让我们陷入狂热的激情，

但随着时间的推移，多巴胺的作用会逐渐减弱。为了保持感情的激情，可以尝试保持浪漫和温馨的互动，重拾激情的时刻。

2. 重视亲密和信任：内啡肽在维持感情稳定和幸福中发挥着重要作用。建立深厚的信任和亲密感是增加内啡肽分泌的关键。在感情中，要注重沟通、理解和支持，建立亲密的情感联结。

3. 共同体验愉悦：共同体验愉悦的时刻可以促进多巴胺的释放。尝试一起参与喜欢的活动、旅行或探索新的事物，增加愉悦的体验，使感情更加充实和美好。

4. 管理压力和挑战：内啡肽可以帮助我们减轻焦虑，应对压力和挑战。在感情中，面对问题和困难时，学会积极应对，寻求支持和解决方法，有助于维持稳定的感情状态。

5. 保持独立性：独立性和自我价值感可以帮助平衡多巴胺和内啡肽的作用。不完全依赖对方的存在，保持自己的兴趣和爱好，有助于增加内啡肽的释放，让自己在感情中更加满足和平衡。

总体而言，平衡多巴胺和内啡肽的作用需要综合考虑个人的感情需求和关系情况。了解自己和伴侣的需求，共同努力维护稳定和幸福的感情是非常重要的。

02

挡在你前面的，只有自己

美国著名的心理学家马丁·加拉德曾做过一个实验：

一位犯人行刑前，法官让人在其左腕上用木片划了一下，然后打开水龙头，对着床下的铜盆，使水滴落在盆里，发出滴答、滴答的声音。水滴滴落的速度由快到慢，令人无端紧张。

第二天，法官再次来到这里，却发现这位犯人竟然生了重病。

事实上，这位犯人并没有流一滴血。

这个故事通过一个行刑现场的情境，暗示了内耗的概念，故事中的犯人就是典型的内耗状态。虽然他没有实际受伤，但由于恐惧和紧张情绪的积累，他出现了重病的症状。

对于"内耗"这个词，相信大部分人并不陌生。在心理学中，

"内耗"是指个体内部的冲突、矛盾和竞争，它可能导致情感、动机和行为的困扰。

哪类人容易产生内耗呢？他们通常具有以下一些特征：

过于敏感：敏感的人容易受到外界情绪和事件的影响，往往会过度思考和情绪化，导致内耗。

完美主义：完美主义者对自己要求过高，一旦达不到预期的标准，就会产生焦虑和自我批评，加重内耗。

缺乏自信：自信心不足的人容易怀疑自己的能力和价值，常常陷入自我怀疑的情绪中，导致内耗。

过度思虑：喜欢反复思考问题，担心可能的不良后果，导致情绪紧张和焦虑，加剧内耗。

过度责任感：对他人和事件过度负责，往往把自己置于压力之下，容易导致内耗。

对外界评价过于看重：过分关注他人的看法和评价，容易受到外界的影响，陷入内耗循环。

固执己见：固执的人难以接受不同的意见和观点，导致与他人冲突，加重内耗。

过于自我要求：把自己看得太重要，要求自己在各个方面都表现出色，容易导致内心紧张和内耗。

焦虑和压力累积：长期处于焦虑和压力状态下，容易积累负面情绪，加剧内耗。

缺乏自我调节能力：不懂得有效地管理情绪，难以从负面情绪中解脱出来，导致内耗。

过度自我牺牲：不顾自己的需求和欲望，只关注他人，导致情感疲惫和内耗。

因此，了解自己的特点，寻求适当的方法和策略来应对和缓解内耗是非常重要的，以保持心理健康和平衡。

放下对事的纠缠

小朵和小米原本在鞋城各自经营一家鞋店，生意都不错。

后来因为疫情的原因，整个鞋城门可罗雀，小朵和小米的生意也一落千丈，不得不闭店歇业。

鞋店关门后，二人都陷入了焦虑之中。

小朵每天把自己关在家里，整天长吁短叹，没心情做饭和打扫卫生，还经常拿孩子撒气，使得家里愁云惨淡，毫无生气，家人也都识趣得离她远远的，生怕一不小心就惹火上身。

小米也着实难过了好一阵子，但她强迫自己保持理性。她想，我不能坐以待毙啊，整天想这想那毫无用处。都说天无绝人之路，我要自寻出路才行。这时候，她发现很多明星和商家都在直播带货，她想，我不就符合这个条件吗？

说干就干，小米先是研究和学习别人如何直播，在观看了几百场直播以后，便开启了自己的直播带货之路。她的直播间从最初的几十人到后来的几万人，商品日销量从几单到几百单……比门店的销售额还高。

就这样，小米走出困境，迎来了春天。

没有人的人生是一帆风顺的，不如意之事十之八九，如果每遇挫折和困难都要放在心中纠结伤怀，就会让我们陷入痛苦的情绪之中。

对事的纠缠可以被视为一种精神内耗。当我们过于执着于某件事情，无法将其放下或摆脱，就会在心灵上产生内心的纷扰和矛盾。这种内耗可能会占据我们的思想和情感，导致我们难以专注于其他重要的事情，甚至影响我们的情绪和健康。与其被精神上的内耗折磨，不如放下对事的纠缠，用行动去治愈自己。

放下对事的纠缠，是一种智慧的生活态度。在现实生活中，如果我们过度纠结于一些事情，往往只会增加焦虑和痛苦。相反，学会放下，接受事情的发展，更加从容地应对变化，是一种积极而智慧的做法。

放下对事的纠缠并不意味着不关心或不负责任，而是意味着我们要学会选择把注意力集中在能够控制的方面，而不是过度关注那些我们无法改变的事情。这种态度可以帮助我们减轻内心的负担，保持平静的心态，更好地面对挑战和变化。

在放下纠缠的过程中，我们可以运用冥想、放松、积极的自我对话等方法，来培养内心的平和和智慧。这样的态度能够让我们更好地处理问题，做出明智的决策，提升生活质量，同时也为自己创造了更多的内心空间，去追求更有意义的事情。

放下对人的执着

有一个村庄突然遭遇洪水，人们为了逃命而四处奔波，会游泳的游泳，跑得快的尽快离开险地。

然而，在这片混乱中，有一个孕妇却陷入了困境。她既不会游泳，也跑得很慢，最终被洪水冲走。在危急时刻，她幸运地抓住了一截漂浮的木头，当作她的救命稻草。她抱着这截木头在洪水中艰难地度过了一天一夜，最终等到洪水退去，幸运地保住了性命。

然而，这段经历却在她身上留下了奇怪的影响。她无论吃饭、睡觉，还是走到哪里，总是抱着这截木头。无论别人怎么劝说，她都不愿意放下。她自己也感到奇怪，为什么自己明明知道要放下，却无法释怀。

家人们无奈之下，只好请村中最智慧的老人前来劝说。老人并没有直接告诉她应该如何放下，而是问起她每天抱着木头时的感受。这个问题让孕妇陷入沉思。她用手轻抚着木头，泪水在眼眶中打转，然后颤抖地说："这段木头在我最危急的时刻曾救过我一命！"

老人温和地说："是的，它对你来说的确很重要，但是洪水已经退去了。"

孕妇凝视着手中的木头，说："但是，它对我有救命之恩，我怎么能把它抛弃呢？"

老人说："现在的你并不需要抱着它救命，它的使命已经完成，你可以放手了。"

孕妇陷入了沉思……

老人走后，孕妇不舍地放下了那截木头。过了两天，她把木头小心地收藏进了柜子里。

"放不下"，似乎是更倾向于一个女性的课题。故事中的木头，就是那个放不下的"人"。因为感遇它的救命之恩，所以即便它本是无情之物，也舍不得放手，哪怕它使你看起来像个疯子。

毋庸置疑，女性更容易对人执着，这个人可以是亲人、朋友或爱人。我在读书时代就曾亲眼见过一位女同学因为失恋而自暴自弃，荒废学业；在职场中也曾见到许多女性因为友情的背叛而患得患失；至于因为失去亲人而一蹶不振的例子，更是不在少数。这让我想起一句歌词："为什么受伤的总是我？"

是啊，为什么女性更容易陷入对人（其实就是对情感）的执着之中呢？可能一方面在于，社会文化传统和社会化教育常常将女性塑造为关怀、细腻和情感表达丰富的形象。这可能导致女性更倾向于投入情感，并在关系中产生更深的执着。另一方面，生物学上的特点也可能影响女性对情感的体验。女性在生理周期中的荷尔蒙波动，可能使她们更容易受到情感的影响，从而加深对关系的执着。

事实上，当一个人放不下另一个人时，背后往往隐藏着深刻的情感纠葛和内心挣扎。这种情况可以理解为精神内耗的一种表现，就好像内心的两个声音在不断地争论，让人感到疲惫和不安。

放不下一个人可能意味着你在情感上与这个人有着深刻的联系。你可能曾经投入了很多情感，留下了许多美好的回忆。然而，当关系结束或发生变化时，这些情感可能变得复杂起来，让你感到困扰。你内心的一部分希望能够继续与这个人相连，而另一部分可能明白需要放手，但却难以割舍。你也可能是担心自己无法找到另一个人来填补这个空缺，担心自己会一直孤独下去。这种担忧让你在内心深处感到不安定，似乎难以找到真正的平静。

同时，放不下一个人也可能与自我认同有关。你可能曾经把自己的一部分与这个人的存在联系在一起，一旦关系结束，你可能会感到自我价值受损。这种情况下，你需要重新审视自己的独立价值，找到自己独特的存在意义。

总之，生命中人来人往，总有人会离开，就如同老人告诫孕妇的，它的使命完成了，你该放手了，所以，潇洒地说再见吧。

停止内耗，逆转情绪的旋涡

电影《黑天鹅》里说："挡在你面前的，只有你自己。"很多情况下，我们自己是阻碍自己前进的主要因素。内心的疑虑、恐惧、负面情绪，以及对过去的执念，都可能成为我们前进的障碍。

心理学家于德吉说："生活里时刻都有挑战，挑战本身不会带来痛苦，自我斗争引发的内耗才是痛苦的根源。"

《反内耗》一书中也说："知道却做不到的纠结背后，是无止境的自我战斗。而当身心资源全部用于自我战斗式的内耗时，我们无力应对哪怕一点点的挑战，也无力做出任何有意义的改变。"

不管是对事纠缠还是对人执着，其实都是因为我们在与自己的斗争和抗衡中败下阵来。对于很多事情，我们明明知道不可改变，却仍然无法说服自己放弃；对于很多人，我们明明知道不可挽回，却仍然不愿放手，这就是内心的自我斗争和抗衡。

虽然生活中的挑战无法避免，它们是成长、变革和进步的一部分，但是我们常常会将这些挑战转化为自我斗争，将自己推向情绪的边缘。这种自我斗争通常表现为内心的焦虑、自我怀疑、不安和压力，这些情绪与挑战本身无关，而是由我们对自己的期望、担忧和内在冲突引发的。

在这种斗争中，我们常常陷入情绪的旋涡而难以解脱。我们可能因为对事情的纠结而忽略了更重要的事情，也可能因为对人的执着而失去了自己的平衡。这种自我斗争让我们的情绪起伏不定，影响了我们的决策和行动。

自我斗争的根源往往来自对自己的要求过高，或者过度关注外界的评价。我们可能会不断怀疑自己的能力，担心失败和批评。这种自我斗争不仅无法解决问题，还会削弱我们的情绪和心理弹性。

要停止这种自我斗争，一方面需要认识到斗争本身是没有意义的。我们不能改变已经发生的事实，也不能强迫他人按照我们的意愿行动。因此，我们需要学会接受现实，放下不可改变的过去，释放那些束缚着我们的情感。这并不意味着放弃对事情和人的关心，而是放下内心的抗拒和纠结。

另一方面，我们要培养内在的情绪调节能力。当我们发现自己陷入斗争和抗衡中时，可以尝试通过冥想、放松、深呼吸等方法来平静内心，避免情绪的过度波动。同时，我们也可以寻求外界的支持，与朋友、家人或心理健康专家交流，分享内心的困扰，获得更客观的反馈和建议。

　　最重要的是，要学会放下对于完美和控制的追求。事情和人无法完美符合我们的期望，而我们也不能掌控一切。放下这些追求，我们可以更从容地面对现实，更灵活地应对变化。这样，我们就能逐渐停止内心的自我斗争，走出情感的旋涡，过上更加平和和积极的生活。

03

是什么偷走了你的时间和机会？

在大部分女性眼里，护肤应该算得上是基本操作吧，但是我经常接触到一些皮肤状态并不是很好的女性，她们大多连基础护肤都没有。

一位比较熟悉的女性告诉我，她其实经常买护肤品，而且买的都不便宜，她也下定决心要开始好好护肤。一般来说，前两天都非常顺利，但是到了第三天，她就会磨磨蹭蹭到晚上 12 点才着手这件事，有时候干脆不做，她给自己的理由是：都这么晚了，护肤应该没什么效果了，今天就算了吧；或者，今天太晚了，该睡美容觉了，明天早点做，一天不做不会有什么影响的……就这样从三天打鱼两天晒网，发展到后来一天推一天，一连好几天都不做，皮肤状态也可想而知了。

生活中这样的例子比比皆是，在很多人身上都有，只不过程度有轻重。这就是拖延症。

心理学上对于"拖延症"的定义通常涉及两个方面。

一是行为心理学角度的拖延症。它被定义为一种持续性的、不合理的推迟或延迟完成任务的行为。这种行为通常导致任务没有按时完成，给个人造成压力、焦虑和自我效能感的降低。拖延症可能会涉及一系列行为，如无谓的时间浪费、优先级错乱、自我欺骗、任务逃避等。

二是临床心理学角度的拖延症。它被认为是一种心理健康问题，会影响个体的生活质量和日常功能。它可能与自我调节困难、情绪调节问题、自尊心、焦虑、抑郁等心理因素有关。这些因素可能导致个体在面对任务和目标时产生负面情绪，进而增加拖延的倾向。

总体来说，拖延症是一种复杂的现象，它在不同方面有不同的表现形式，比如：

1. 学业拖延症：学生可能因为害怕失败或者对任务感到压力而拖延做作业、准备考试。他们可能会在最后一刻才开始学习，导致质量下降。

2. 工作拖延症：在职场中，有人可能会因为感到任务太难或者没有足够的动力而拖延工作。这可能会导致项目延迟，影响工作绩效。

3.健康拖延症：有人可能会拖延去医院看医生、实施健康计划，或者去做体检。这可能会影响到及早发现健康问题的机会。

4.家务拖延症：一些人可能会因为觉得家务烦琐无趣，而一直拖延清洁、整理和维护家居。

5.决策拖延症：有人可能会因为害怕做出错误的决定，而一直拖延做出重要决策，导致错失机会。

6.金钱管理拖延症：有人可能会因为不愿意面对财务问题或者对预算感到困惑，而拖延进行金钱管理。

7.创造力拖延症：有些人可能会因为缺乏灵感或者害怕失败，而拖延在艺术、创作等方面的活动。

喜欢在时间压力下行动的人

小D曾自嘲地表示，他的拖延症是伴随他几十年的一种特质。在他的回忆中，小时候每到寒暑假，小伙伴们就会分为三种情况，一种是放假的前几天就一口气把作业全部写完，然后整个假期各种疯玩；第二种是每天做一点作业，直到假期结束刚好做完；而他每次都毫无例外地属于第三种情况，即在假期前期不管不顾地快乐玩耍，根本不碰作业，然后在假期的最后几天才夜以继日地匆匆抄写别人的作业。

　　然而，毕业后，他的拖延症并没有随着时间而减轻，反而在他的生活中变得无处不在。工作中，如果不是领导逼迫他，他总是在最后时刻才急匆匆地完成任务，似乎时间的紧迫感才能唤起他的行动力。即使工作完成了，他也不急于向领导汇报，而是要拖到不能再拖了才去报告。面对需要打电话给客户的情况，他也总是不由自主地拖延，就算电话号码就在眼前，他也会因为内心的抵触而犹豫不决。

　　小 D 的拖延症似乎是一种习惯性的自我限制。他似乎不愿在早期行动，他的心里似乎总是认为，在时间压力下才能表现得更好，这可能是因为在他的潜意识中，时间成了一种逼迫的因素。然而，他也意识到这种习惯并不是最理想的，但他似乎无法完全摆脱这种拖延的循环。

　　小苏也属于这种情况，而且比小 D 更加典型。小苏在公司从事创意运营的工作，负责某些项目的整体创意思路的拟定和落地计划的编写。但是他这个人的思维总是飘忽不定，用他的话来说，自己的灵感在空闲时候几乎为零，越是时间急迫越能够刺激他的大脑。正因为如此，很多时候他都会把工作拖到最后时刻才不眠不休地去完成。有时候，他也很想有所改变，可是似乎已经习惯了这种工作方式，所以就随它了。

案例中的小 D 和小苏都是喜欢在时间压力下行动的人，不管一项任务给他们预留了多少时间，他们都习惯于等到最后才开始。虽然最终都完成了任务，但是由于时间仓促，可能因为考虑不全面而影响了质量。他们也许认为自己在最后关头更有激情，更有灵感，所以问题不大，那是因为他们没有尝试过在充裕的时间内完成这项任务，没有对比过在这两种不同情况下完成的任务的质量。所以，这种做事习惯并不科学，更不可取。

习惯性拖延症究其原因，可能是因为拖延成习惯或缺乏自律，也可能有深层次的心理因素，涉及自我限制、心理舒适区的影响。所以解决这类拖延症的最简单粗暴的方式就是不管时间多充足，立即行动，然后就是深入探索个体的内心世界，理解其拖延行为背后的心理动机，从而寻找有效的方法来克服这一习惯。

自我效能感不足的人

美华不久前被晋升为设计组的小组长。可是她的领导却发现了一个奇怪的现象，自从升职后，美华的工作效率似乎明显降低了。以前她每次都是小组里第一个提交设计稿的人，现在却总是最后一个交稿。不仅如此，她还有一大堆拖延的理由。"这是我想破了脑袋，昨晚上连夜赶出来的，可能不太令人满意。""您也别抱太大希望，我觉得时间太仓促了，没有发挥好。"至于她的设计稿呢，其实也不差。但是她的行为确实令人匪夷所思。

美华的改变其实是晋升造成的。以前她只是个小组成员，设计和交稿都比较随性，因为没有什么心理负担。但是现在不一样了，她成了小组长，她觉得组长就要有组长的样子，至少要比小组成员的质量更胜一筹，所以她对自己的要求随之提高。但是另一方面，她对自己的能力并不自信，她觉得自己无论如何发挥，可能都只是以往的水平，所以每次拿到设计任务的时候都不知道如何下笔，有时候干脆不做，领导催得急了才不得不硬着头皮赶工。

美华这种情况，就是典型的自我效能感不足。

自我效能感是指个体对自己能力的评价和信心程度。它在个人的行为、情绪和思维中起着重要作用。自我效能感高的人更有可能积极地面对挑战、坚持努力，而自我效能感低的人可能更容易感到沮丧、焦虑，并在面对困难时产生拖延行为。

因为认为自己无法有效地完成任务，所以他们会避免去尝试，宁愿用拖延来避免面对可能的失败。这种循环会使拖延变得更加严重，因为每次拖延都会进一步削弱自我效能感，导致他们更加难以挑战自己的负面信念。

那么，如何提升自我效能感来克服拖延症呢？

自我效能感不足的人，大多都追求完美主义，不是说凡事都力求完美，而是太在意自己在他人心目中的完美形象，害怕令人失望。这种心态会导致对失败的恐惧，让他们不敢付出努力，因为害怕最终的结果可能不尽如人意。于是，在行动之前，人们会为自己设定各种障碍和借口，以避免真正去尝试。

然而，职场和生活中更看重的是完成任务，而不是追求完美的表现。人们更关注工作是否得到完成，而不是评判做得是否完美。实际上，在大部分情况下，任务的完成度已经足够让其达到预期效果。通过将注意力放在任务的实际完成上，人们可以更快地获得成果，积累经验，并避免拖延带来的压力和焦虑。

此外，个体还可以通过积极的自我反思、设定小目标来逐步取得成功、进行积极的自我对话等方式，逐渐提升自己的自我效能感，减少拖延行为，更加自信地面对任务和挑战。

调整痛苦与幸福的次序，推迟满足感

在《少有人走过的路》一书中，作者斯科特·派克（心理治疗大师）讲述了这样一个案例：

一位三十岁的财务分析师向派克寻求帮助，她想纠正自己在工作中的拖延恶习。

派克问她："你喜欢吃蛋糕吗？"

分析师回答说，"喜欢"。

"蛋糕和蛋糕上涂抹的奶油，你更喜欢哪一个呢？"

"哈哈，当然是奶油啦！"

"那么，你平常是怎么吃蛋糕的呢？"

"那还用说吗，肯定是先吃奶油再吃蛋糕呀。"

接下来，派克便从吃蛋糕的习惯谈起，与对方讨论她对待工作的态度。

正如派克所料，这位分析师每次都会在上班的第一个小时就把容易和自己喜欢做的那部分工作先完成，然后在剩下的工作时间里，尽量回避就做复杂的工作。

派克向她提出建议，以后在上班的第一个小时，先解决那些棘手的工作，在剩下的时间里，其他工作就会变得相对轻松。考虑到对方学的是财务管理，派克向她解释道：

按一天工作七个小时计算，一个小时的痛苦加上六个小时的幸福，显然要比一个小时的幸福加上六个小时的痛苦划算。

这就是通过推迟满足感来克服拖延症。

正如派克最后的总结：推迟满足感的实质就在于调整人生的快乐与痛苦的次序，首先面对问题并感受痛苦，然后解决问题并享受更大的快乐，以实现更有价值的生活方式。这种策略实际上是在强调长远的目标和长期的满足，而不是追求眼前的即时满足。

通过面对问题并感受痛苦，我们能够更好地理解问题的本质，从而更有效地找到解决方法。这个过程可能会带来一些不适和挑战，但正是通过克服这些挑战，我们才能够成长和进步。

然后，当我们积极地解决问题并取得成就时，会带来更大的快乐和满足感。这种满足感是建立在实际努力和付出的基础之上，具有更深远的意义和价值。

推迟满足感可以帮助我们远离即时的诱惑和短暂的满足，以更长远的目标为导向。这种生活方式能够让我们更好地应对挑战，提高自己的效能感，克服拖延症，培养出坚韧和耐心，从而在人生中取得更大的成就和满足。

04

为什么风光都是别人的，你什么都没有

约拿是《圣经·约拿书》中的一个人物，他是一位先知，一直渴望得到神的差遣。然而，当有一天神交给他一项光荣的任务——以神的旨意去尼尼微城传达警告，呼吁城里的居民悔改，他却乘船逃跑了，准备前往他施。

途中，他们的船只遭遇了暴风雨，而船员们意识到是约拿的逃避导致了神的愤怒，便把他抛入海中，使他被一条大鱼吞食。

约拿在鱼腹中度过了三天三夜之后，被大鱼吐了出来。他最终履行了神的使命，前往尼尼微城宣布警告。尼尼微城的人们听从了他的话，悔改了他们的行为，使城市免遭神的惩罚。

这个故事成为一个象征，代表逃避困难的行为及其带来的

后果。

随后，美国知名心理学家马斯洛引入了心理学术语"约拿情结"，指代人们因为内心的恐惧、抵触情感或其他情绪而逃避成长、挑战或追求自己的潜力。简要来说，"约拿情结"表达的是一种对于个人成长的恐惧。这个概念扎根于心理动力学理论，该理论假设人们不仅害怕失败，也害怕成功。

在生活中，"约拿情结"随处可见，它可能表现为：

1. 职业发展中的逃避：一个有天赋和潜力的员工可能因为担心失败或不确定性而逃避升职机会。他可能担心新的责任会带来过大的压力，导致他逃避了一个可能让他成长的机会。

2. 学术挑战的回避：一个学生可能因为害怕无法胜任一门难课，或害怕自己的表现不如预期，而选择回避这门课程。这可能是因为他害怕在挑战面前失败。

3. 社交焦虑的影响：一个人可能因为害怕社交互动、被拒绝或被批评而逃避参加社交活动。这可能导致他错失与他人建立联系和发展人际关系的机会。

4. 创业的犹豫：一个有创业梦想的人可能因为害怕失败、财务风险或未知的挑战而犹豫不决。他可能因为恐惧而推迟或放弃了追求自己创业梦想的机会。

5. 艺术创作的拖延：一个有艺术才华的人可能因为对自己作

品的不满意或对观众评价的担忧而拖延发布作品。他可能因为害怕作品无法达到自己的期望而逃避展示。

这些都是"约拿情结"在不同领域和情境下的体现。它可能导致个人在面对机会和挑战时采取逃避的态度，从而影响到他的成长、自信和潜力实现。理解并克服这种情结对于促进个人发展和成功是至关重要的。

渴望成功却害怕成功

在一次课堂上，马斯洛向学生们提出了一系列问题，旨在探讨个人对于成功和自我实现的态度。他问道：

你们班上有谁希望写出美国最伟大的小说？

有谁渴望成为一个圣人？

有谁将成为伟大的领导者？

根据马斯洛的记录，学生们在这个情境下大多会产生一种羞涩的反应，讪笑、脸红，或者不安地晃动身体。

马斯洛继续追问，他问学生们是否在悄悄地计划写一本伟大的心理学著作，学生们仍然红着脸，结结巴巴地试图搪塞过去。

最后，马斯洛问道，难道你们不想成为心理学家吗？这时，有人回答说当然想。

马斯洛进一步发问，那你是否想成为一位沉默寡言、谨小慎微的心理学家？但是这并不是通向自我实现的理想途径。

基于这些观察，马斯洛发现许多人在追求自我实现的过程中存在一种矛盾的心理状态，即渴望成功却又害怕成功的"约拿情结"。这种心理现象揭示了个体在成长和实现潜力的道路上所面临的内在挣扎。

那么，是什么造成个体的"约拿情结"呢？它可以归因于多种因素和心理机制，其中包括：

1.恐惧未知和不确定性：成功通常意味着进入一个未知的领域，面对新的挑战和变化。这种未知和不确定性可能引发个体的恐惧，因为他无法预测未来可能发生的情况。成功可能会带来新的责任、压力和期望，这些都是不确定因素，可能导致个体产生害怕成功的情绪。

2.怀疑自我能力：尽管个体可能有追求成功的渴望，但他可能会怀疑自己是否足够强大、聪明或有能力应对成功所带来的挑战。这种怀疑自我能力的情绪可能使他害怕面对成功，担心无法胜任。

3.怕失败的压力：成功通常伴随着更高的期望和压力，因为人们期待成功后能够持续表现出色。害怕无法达到这些期望可能导致个体害怕成功，因为他害怕在未来的表现中失去。担心无法达到人们对他的期望，从而产生对未来可能的批评和失望的担忧。

4. 社会比较和压力：成功可能会引发社会比较，使个体感到他需要保持在某种标准以上。这种社会比较可能导致对自己的能力和价值的怀疑，从而产生害怕成功的情绪。

5. 改变的抗拒：成功可能意味着生活的改变，包括新的责任、角色和生活方式。有些人可能习惯了目前的状态，害怕面对这种改变，因此产生害怕成功的情绪。

6. 过去的经历和心理创伤：个体可能在过去经历过失败、挫折或心理创伤，这些经历可能导致他对成功产生恐惧。他可能害怕重复过去的痛苦经历，因此会回避成功。

总体而言，造成渴望成功又害怕成功的"约拿情结"可以是多种因素的交织结果。这些内在冲突可能导致个体在决策和行动中感到困惑和不安。理解这些因素有助于认识到为什么一些人可能在成功的道路上产生矛盾的情绪。

对自己最大的残忍就是压抑自己的可能性

前段时间看了一个博主的故事，不胜唏嘘。

她是一个很有潜力的新生代小说家，可是她每次写小说都会给自己使绊子，而且是各种奇葩绊子。比如有编辑找她约稿，她会再三告诉对方，我真的没什么名气；与别人约稿后，她会故意放慢写作速度，甚至一连几个月都不动笔，最后花半个月时间完成一部小说，她觉得这部小说的质量肯定堪忧，因为自己压根就没有半个月完成一部优秀小说的潜质；她还会想，我的这部小说可能大部分人看不懂，也没有兴趣看……总之，她极度害怕自己变得优秀，不希望自己的书畅销。

不仅如此，她也不希望自己变得很有钱，不希望自己变成魔鬼身材，不希望自己变得完美。每当即将面对荣誉、成功或幸福等美好的事情时，她的脑海里就会浮现出"我不配""我受不了"的念头，从而错失很多良机。她这种情况就是"约拿情结"发展到了极致，演变成了一种"自毁情结"。

当约拿情结被内化和放大时，可能会影响个体的自尊和自信。他可能产生更强烈的自我怀疑，认为自己不值得成功，无法应对成功带来的挑战。这种情绪可能导致他逐渐自我限制，拒绝追求目标，放弃机会，甚至有意或无意地阻止自己取得成功。

随着时间的推移，这种心态可能演变成一种更深层次的自毁情结。自毁情结表现为对自己的潜力和可能性的抵触，导致个体不愿意或不敢充分利用自己的能力，从而阻碍了个人的成长和发展。在这种情况下，个体可能持续地在行为、决策和态度上自我限制，导致不满足的生活，甚至可能影响到他的心理健康。

因此，当我们意识到自己有"约拿情结"的时候，一定要找到形成它的根源并将其消除，以免发展成为自毁情结，对个体的生活产生更深远的负面影响。

正如案例中的博主，她找到造成自己自毁情结的源头，乃是儿时的经历。她小时候生长在一个城乡接合部，那里生活着各种各样的人，有城里的孩子、乡下的孩子、外来农民工的孩子、工厂工人的子女……她经常看到一些小混混出没，所以总觉得很不安全，不想出头，不想被人注意，即便她发现自己在学习上很有天分，也不愿意自己的成绩太拔尖。明明有十分的力量，她只愿出四五分。

可悲的是，这种心理一直持续到她成人。直到她意识到自己的性格已经极度扭曲，自己的生活已经彻底受到影响，她才萌发了自救的意识。正如她所总结的："对自己最大的残忍就是压抑自己的可能性。"所以，她告诉自己：我不想别人风光，自己却一无所有。我要活出自己，想怒放就怒放，想特别聪明就特别聪明，没有人可以阻止我变得优秀！

摆脱约拿情结，做情绪的主人

在德国一档名为《谁是未来的百万富翁》的智力游戏节目中，设置了一个陷阱：每通过一关，赢得该关的奖金后，参赛者需要决定是否进入下一关。奖金会逐关递增，直至最后一关可获得一百万欧元大奖。然而，之前的参与者很少有人决心冲击最高奖项，大多在累积到一定金额后选择放弃，退出比赛。直到青年参赛者克拉马出现，在赢得五十万欧元奖金后，他毅然继续冲刺，最终成为该节目历史上第一位获得一百万欧元大奖的人。

克拉马之所以成功，并不仅仅是因为他的知识，更在于他的心理素质和追求。虽然在五十万欧元奖金关卡后的题目相对简单，但许多人因为"约拿情结"而不敢继续挑战。他们坚信"不尝试就不会失败，不失败就不会有更大的损失"。这是一种典型的自我阻碍心理，使得他们放弃挑战自己的勇气，而克拉马则突破了这个心理障碍。

这个故事说明，"约拿情结"会削弱人们的真实能力。要开创新的人生局面，必须敢于冲破这种情绪，勇敢挑战自己，超越内心的恐惧。成功始终只属于那些敢于挑战"约拿情结"的少数人。

那么问题来了，我们应该如何克服约拿情结呢？这需要一系列的努力、自我觉察和积极行动。以下是一些可能有助于克服约拿情结的方法：

1. 自我认知：首先，深入了解自己的内心世界。反思你的恐惧、不安和自我怀疑的来源。可能有童年的经历、社会压力或自身的价值观对此产生影响。通过认知这些根源，你可以更好地理解自己，为克服这些情绪做准备。

2. 积极思维：培养积极的自我认知，专注于你的优点、潜力和成就。避免消极自我评价，将注意力集中在你所能做到的事情上。使用积极的自我对话，鼓励自己克服困难。

3. 面对恐惧：逐渐面对你的恐惧，不要回避。制定一些小的挑战，逐步将自己暴露在你害怕的情境中。每一次的成功都会增强你的信心，逐渐削弱恐惧情绪。

4. 挖掘成功经验：回顾过去的成功经验，特别是那些你克服困难并取得成就的时刻。分析你当时是如何处理问题的，你的决策和行动如何帮助你克服障碍。这可以帮助你看到自己的潜力和能力。

5. 行动计划：制订一个实际的行动计划，逐步迈向你的目标。将大目标分解成小的、可行的步骤，这可以让你感到更有掌控力。每一次的小成功都会积累，帮助你克服约拿情结。

6. 培养自信：学会自信地表达自己的观点和想法，不要害怕被评价或批评。接受自己是一个不断成长的个体，而不是追求完美。

7. 坚持和耐心：克服约拿情结是一个渐进的过程，需要时间和耐心。不要因为一时的挫折而放弃，要坚持不懈地追求目标。

总之，克服约拿情结需要不断的努力和自我觉察。通过积极思维、积极行动、积极支持和坚持，你可以逐渐摆脱恐惧，做自己情绪的主人，实现个人成长和成功。

底气

遇见完整且

松弛的自己

5

我不关注别人，我只想大方做自己

01

人到中年，别忍、别恨、别等

正如苏轼的那句"人生如逆旅，我亦是行人"，人到中年，时光匆匆，每个人都是逆水行舟的路人。

年轻时我们执着和沉迷，那是我们在探索和建立自己身份时的一部分。而中年阶段，往往伴随着更多的责任、压力和挑战。但同时，也伴随着更多的智慧和淡定。这个阶段的人们可能会更加珍惜时间，更加关注内心的平静和情感的丰富。过去的欢乐和痛苦，以及所经历的成就和遗憾，都会成为内心的一部分，塑造着一个更加深刻、丰富的个体。

随着年龄的增长和经验的积累，我们有机会更好地了解自己、理解人生的意义，并逐渐认识到什么对我们真正重要。所以，中年时期是一个重新审视自己人生的阶段。如果一个人在这个时候还没有找到内心的平衡和人生的方向，确实需要停下来反思。

正如哲人所说，人到中年，要拥有一种积极、释然和有意义的生活态度，别忍，别恨，别等。不要忍受不必要的痛苦，不要心怀怨恨，不要一直推迟自己想要做的事情，也不要一直等待某个"合适"的时机。这种心态鼓励人们去追求内心的平衡，寻找生活中的乐趣和满足。

总之，人生的境遇和选择很多时候是无法完全掌控的，但我们可以掌握自己的心态。通过不忍、不恨、不等，我们可以创造出一个积极、轻松和自由的内心空间。我们能够变得更加真实，更加明晰地知道自己想要什么，并且在面对人生的起伏时保持内心的平静。人生的路途可能会曲折多变，但通过不断的学习和成长，我们可以锤炼出坚强、有智慧的内心，走向更加充实和有意义的人生。

有仇当场就报，别忍

只要提到才高八斗、温文尔雅的文人胡适，人们就会想起他那目不识丁、性格彪悍的妻子江冬秀。

二人是封建包办婚姻，由胡适母亲定下的。胡适结婚前在海外留学，与女友韦莲司情投意合，想要悔婚，无奈拗不过母亲的坚持，回国后便娶了在深闺中等他13年的江冬秀，彼时江冬秀已经28岁。

结婚后，两人虽然没有精神交流，但是江冬秀在生活上把胡适照顾得甚好。不承想胡适又出轨表妹曹诚英，一个可以与他聊诗词歌赋的女人。

胡适想要离婚，江冬秀决定不忍了。她抓起桌上的剪刀就往胡适脸上扔。没扔中，便又拿起菜刀，说出最狠的话："你要是敢和我离婚，我就先杀了两个孩子再自杀，大家一起死。"

文质彬彬的胡适哪里见过这种阵势，被唬得当即噤声，从此不敢再提"离婚"二字。

江冬秀就是这么一个脾气暴、性子烈的人，眼里容不得沙子，受了委屈绝不会忍气吞声，有仇当场就报。她可以对丈夫言听计从，但绝不对他姑息养奸。正是由于她对胡适的一番震慑，才为自己和孩子杀出一条生路来。

但是，江冬秀从不记仇，事后也不翻旧账。离婚事件之后，她对胡适一如既往地照料有加，当胡适遭遇政治危机时，她又以足够的魄力和智慧力挽狂澜，为丈夫兜底。纵使胡适曾有多少的意难平，也被这日复一日的举案齐眉给消磨殆尽了。

后人都称江冬秀彪悍，说胡适娶了个悍妻。我倒是认为，她这样的性格也有好处，她所谓的彪悍，不过是让对方知道自己的底线，不敢轻易冒犯，这也是一种大智慧，女人有时候确实需要这样的彪悍。

有句话说得好，忍一时越想越气，退一步越想越亏。很多时候，你越大度，别人说不定越是得寸进尺。人到中年，有气别忍，学会驾驭自己的情绪，便不会被情绪所吞噬。虽然温柔或柔和的特质是可贵的，但在某些情况下，表现出坚定、果断和彪悍的一面同样重要。坚定和彪悍可以是为了维护自己的权益、捍卫自己的尊严，或者在需要坚持自己观点的情况下，展现自己的信念。女性在面对挑战、不公平或不道德的情况时，表现出强大的意志和决心，能够赢得尊重和平等的对待。

但是，这并不意味着女性需要放弃温柔和体贴的一面，而是说，应该展现出自己多样化的特质。强大的女性可以在不同的场合中灵活运用不同的特质，根据情况选择适合的表现方式，从而在职场、社交圈和生活中取得成功。

那么，中年女性在处理人际关系、情绪管理以及自我保护等方面的问题时，究竟怎样才能做到刚柔并济、不卑不亢呢？我认为以下几点是非常重要的。

1. 自信与自尊：培养自信心和自尊心是关键。了解自己的价值和能力，不轻易被他人的评价影响。自信的态度会使你在人际交往中显得更加坚定，同时也能够避免不必要的自卑感。

2. **界定个人底线**：在处理人际关系中，界定个人的底线是至关重要的。适度的宽容和容忍是积极的品质，但过于妥协也可能导致他人越界。在某些情况下，果断地坚持自己的底线是必要的，以保护自己的权益和尊严。

3. **情绪管理**：控制情绪的能力是一种重要的成熟标志。久经沙场的中年人可能更容易在情绪上保持冷静和理智，因为他们已经在生活中经历了各种起伏。适当的情绪调节和释放，比如通过运动、放松技巧等，可以帮助维持内心的平衡。

4. **当场回应**：在某些情况下，当场回应的确能够降低不确定性，防止问题进一步扩大。然而，这需要审慎的判断，避免过度激烈的反应。适当地表达立场和维护自己的权益，可以帮助建立健康的人际关系。

总之，人生中的隐忍和果断之间需要取得一个平衡。隐忍可以让我们有时间去观察、分析和思考，但如果一味地隐忍可能会错失一些机会。然而，盲目的冲动行动也可能导致错误的决策和后悔。所以，理性分析和伺机而动是非常重要的策略。但最重要的是，要根据自己的性格、价值观和具体情况，在合适的时候展现出适当的特质。女性和男性一样，都应该有权利以及自由地选择自己的表达方式，追求自己认为正确的生活方式。

可以不原谅，别恨

一个女人不顾家人反对，嫁给了她喜欢的人，但婚后丈夫的真面目逐渐显露出来。在怀孕期间，丈夫出轨，常常酗酒和争吵，最终导致两人离婚。然而，女人对丈夫的怨恨并没有随着离婚而消散，反而持续增长。她的情绪失控，抱怨不断，甚至影响了她的健康。

这样的故事是不是很熟悉？都说"因爱生恨"，我觉得可能是因为女性更容易爱人，也更容易受伤，所以更容易心中有恨。

然而，一位哲人曾说："不是某人使你烦恼，而是你拿某人的言行使你烦恼。"我觉得这句话对女性来说很适用。我们的情绪和烦恼来自我们自己的反应和态度，而不仅仅是外部事件或人物的影响。类似的情况可以理解为"反作用力原理"，就像打人会让自己的手受伤一样，我们计较、怨恨别人反而会困扰自己。原本别人就已经让我们受伤了，我们再心怀怨恨，让自己寝食难安，岂不是在受双重折磨吗？所以，为了自己的身心健康，我们还是放过自己吧。

对，是放过自己，不是放过他（她）。

在《奇葩说》节目中，马东说："随着时间的流逝，我们终究会原谅那些曾经伤害过我们的人。"蔡康永回答说："那不是原谅，那是算了。"

在生活中，一些出于恶意或者轻率的错误或伤害行为，可能让人感到极为不满和愤怒。但是，怨恨和愤怒往往最终会伤害自己，而不是伤害那些犯了错误的人。这些错误固然不值得原谅，也不应该原谅，但是我们不能拿别人的错误惩罚自己，我们可以不原谅他，但别恨，因为因恨受伤的只有自己。所以，还是算了吧。

我们可以把不原谅视为一种保护机制，帮助我们在保持健康边界的同时，避免陷入情感泥潭，以免内心负担过重。而算了，是一种态度，也是一种智慧，即允许你保留自己的底线和尊严，同时避免被消极的情感所困扰。

古希腊神话中有一位大英雄叫海格力斯。有一天，他走在坎坷不平的山路上，发现脚边有个袋子似的东西很碍脚，海格力斯踩了那东西一脚，谁知那东西不但没被踩碎，反而膨胀起来，加倍地扩大着。海格力斯恼羞成怒，操起一根碗口粗的木棒砸它，那东西竟然胀大到把路堵死了。

正在这时，山中走出一位圣人，对海格力斯说："朋友，快别动它，忘了它吧，离开它，远去吧，它叫仇恨袋，你不犯它，它便小如当初，你若侵犯它，它就会膨胀起来，挡住你的路，与你敌对到底。"

你看，故事中的海格力斯试图以仇恨消除"仇恨袋"，却因此陷入了更大的困境。这是不是暗示了一种消极情绪和仇恨的循环？如果我们试图以相同的情感来应对它们，很可能会陷入恶性循环，导致更多的困扰。

而故事中圣人对海格力斯的建议才是明智的做法：不要再触碰"仇恨袋"，离开它。对于我们无法改变的事情，尤其是过去的伤害，放下和释怀是重要的。通过放下怨恨，我们能够避免陷入消极情绪的旋涡，让自己得以解脱。

随着年龄的增长，我们应该更加珍惜时间和精力，明白生活中有限的资源应该用于有意义的事情上。释怀过去，去关注有意义的事情，去关爱值得付出的人，才能让我们的人生变得更加幸福美满。因此，在中年时期，把怨恨拒绝在心灵之外，积极面对生活，把精力投入到积极的方向，是一种更成熟、更明智的做法。

来日并不方长，别等

不知大家是否知道《广陵散》，这是中国古代的一首大型琴曲。它旋律激昂、慷慨，戈矛杀伐，战斗气氛浓厚，具有极高的思想性和艺术性，被人们称为古代的"神曲"。

相传好琴的嵇康在洛西游玩时，遇到了一位神秘的古人，赠予他琴曲《广陵散》。嵇康的外甥袁孝尼知道后，缠着他教自己这首曲子，可是嵇康怕引起赠曲者的不满，便推说以后有机会再教他。

这件事就这样一直搁浅到嵇康被处死。而嵇康在死前也不无悔恨地感慨道："袁孝尼尝请学此散，吾靳固不与，《广陵散》于今绝矣！"

既然《广陵散》已经失传，那我们今日听到的曲子是从哪里来的呢？原来，嵇康得到《广陵散》后，每每在夜里鼓琴，袁孝尼都会偷听学记。可惜袁孝尼也只学到了三十三拍，嵇康死后，他又续了八拍，这才有了今天四十一拍的《广陵散》的存世。

所以，来日并不方长，等待有时候反而成为遗憾。因为等待的种种，并不会全部如愿以偿，如果最后的结果是适得其反，那等待就成了蹉跎。

有些人，你以为还可以再见一面，有些事，你以为还可以等一等再做，所以，你总是在等，"等有时间了""等有钱了""等有机会"了……等到你自认为可以的时候，却发现，一切早已经物是人非，没有什么会在原地等你，没有什么经得起等待。

韩国电影《我爱你》中的金万石是一个粗枝大叶的人，拥有一身臭脾气，但只有他的妻子能够忍受他。

后来，在妻子被查出晚期癌症后，金万石才意识到自己以往对妻子的关心不够，深感后悔。然而，当他决定要弥补时，却发现时机已经来不及了。

妻子临终前，看到别人喝奶，也想尝一口，金万石匆忙去买，却被医生告知妻子不能喝牛奶。他只能安慰妻子说："你要快点康复，我会每天给你买牛奶喝。"然而，妻子并没有给他机会，很快就离世了。

金万石深陷自责之中，后来选择了做送牛奶的工作，以此来弥补他认为自己对妻子的亏欠。

看吧，人生来来往往，真的没有那么多来日方长，谁也无法预料，明天和意外哪一个会先来。正如作家周国平所说：人生唯一有把握不会落空的等待，便是等那必然到来的死。

生活充满了不确定性，我们无法预测未来会带来什么，也无法完全控制意外事件的发生。正因为如此，我们需要更加珍惜每一刻，认真对待当下的选择和行动。

对于未来的不确定性，我们可以采取一些方法来应对：

1. 积极规划：尽管未来充满不确定性，但我们仍然可以制订计划和目标。计划可以帮助我们更有方向感地前进，但要保持灵活性，随时调整计划以适应变化。

2. 抱持乐观心态：面对未知，积极的心态能够帮助我们更好地应对困难和挑战。相信自己有应对困境的能力，同时也能够从困境中吸取教训。

3. 珍惜当下：最重要的是，要学会珍惜眼前的时光。过于沉浸于过去或过于为未来焦虑都会让我们错失现在的美好时刻。

4. 保持灵活性：适应能力是面对变化的重要素质。随着情况的变化，我们需要能够调整计划和策略，不固执于一种方式。

5. 重要的事情优先：将注意力放在对自己和周围人有重要意义的事情上，不要被琐碎的事情和无意义的纷扰所困扰。

所以，趁阳光正好，趁年华尚早，如果有你想爱的人，就大胆去爱吧，如果你有想做的事，就放手去做吧！千万不要一再地说"等一等"。无论未来将会怎样，我们都可以在当下努力，做出积极的选择，以更好地迎接未来的挑战和机遇。同时，也要牢记生命的脆弱和宝贵，让我们更加珍惜每一个时刻。

02

不合群，也没关系

不久前，有个女生问我说："马老师，我自认为是一个好人，至少是一个对别人很好的人，可是为什么我身边的人都不领情，最后反而利用我，踩着我的肩膀往上爬。难道我对他们好也是我的错吗？"

我告诉她："你对别人好没有错，因为每个人都应该真诚，但是如果别人不领你的情，你还要对他好，那就是你的错。你这叫讨好。讨好的人都是卑微的，越卑微别人越不把你当回事。"

她还不死心地说："可我的初衷是好的啊，我只想让自己合群。"

我问她："那你觉得，不合群有什么问题吗？我反正觉得，不合群也没关系啊！"

"哦。"

她露出了若有所悟的样子。

可能是受了"要与人为善"的观念的影响，很多人就像这位女生一样，总是在乎自己与别人的关系如何，好像不合群就是自己的错，就是什么十恶不赦的罪过。其实，不合群是不分对错的，只不过是彼此的气场不合而已。《易经》有云："同声相应，同气相求。"相同的声音会引起共鸣，相同的气味会相互吸引。人与人之间，只有在思想、情感或兴趣上有所契合，才可能有共鸣和亲近的感觉。如果你不合群，只能说明你和他们的默契程度不够，除此没有别的意义。所以，不合群有什么关系呢？只能证明你的独特罢了。

所以，如果"合群"让你受伤，可能是因为你在迎合他人的期望时，忽略了自己的内心感受，或者因为你置身于不适合自己的环境中。在这种情况下，选择"不合群"反而会保护你自己的情感健康和真实性。有一句话怎么说的？"三观相同的人，才会相处不累；圈子不同的人，只会遍体鳞伤。"为了防止自己受伤，融不进的圈子，一定不要强融。而且，随着年龄的增长，你将慢慢发现，独处、"不合群"，才是后半生最高级的活法。

圈子不同，不必强融

混"圈"，是当下比较流行的时尚，对有些人来说，没有三两个自己的小圈子，心灵上好像就没有什么归属感。所以，管它是饭圈还是驴友圈、游戏圈、宝妈圈……总要想方设法挤进去。当然，如果能轻松愉快地融入某个圈子，那肯定是很好的；但如果是那种挤破头才能挤进去的圈子，奉劝大家就别强融了。

很多人应该都看过电视剧《三十而立》，剧中的主角之一顾佳是一位全职妈妈，但她又刚又靓又飒，怎么看都是全职妈妈的骄傲。可就是这么一个优秀的女人，为了孩子能够上一家顶级私立幼儿园，费尽心思地想要挤进富太太们的社交圈子。为此，她不惜斥巨资买了一个名贵手包，只为提高自己的品位，得到富太太们的认可。同时她还认为，进入这个圈子可以获得高质量的人脉资源，将有助于丈夫的事业。但她不知道的是，富太太们对她根本不屑一顾，还合谋将她骗得倾家荡产，直到她发现自己被朋友圈单独裁掉以后，才幡然醒悟：圈子不同，强融太累。所以，最后她毅然退出了那个圈子。

顾佳的故事提醒我们，人际关系中的真实性和共情是建立稳固友谊的关键，引进朋友通常会更倾向于与自己有相似地位、价值观和兴趣的人，不应该因地位悬殊而追求虚幻的社交关系，而应该专注于那些能够真正理解和支持我们的人。如果追求与地位高贵的人建立联系，可能会出现摆设的情况，彼此之间缺乏真正的互动和对等的友谊。所以，地位悬殊的人之间不必过度攀附，否则可能会遭受尴尬和不必要的困扰。

人到中年，更应该真正做自己，而不必在乎是否与他人合群。如果某个社交圈子并不适合你，那就不要勉强自己去挤入其中；如果遇到难以忍受的人，不妨选择保持距离。这个阶段应当珍惜孤独和宁静的感觉，审视自己的过去与现在，明白自己虽然不再年轻，但却拥有真实的自我。人生中的喜怒哀乐都会在时光的洗涤下变得平淡祥和。

曾经迎合他人、过于在乎别人的自己，最终可能并没有得到预期的回报。因此，与其过于在意他人的想法，不如培养自己学会从容面对生活的态度，学会微笑地面对一切。

合群是一种生活方式，但并不适合每个人。也许你天生就是一个不爱热闹的人，何苦每天在忙碌的人群中感受人来人往？也许你原本就是一个平庸之人，何必一直追随在权势高人的身后。也许你的内心深处渴望宁静，却为了考验自己而置身于水深火热之中，但最终留下的伤痛却需要你自己独自承受。

人生苦短，不值得为了他人而过活，更不值得为了谁而浪费时间，过好自己的生活足矣。任何人都不值得为了迎合他人而牺牲自己、委屈自己，这种行为真的不划算。选择不合群，便意味着努力成为真实的自己，以自己独特的方式出众。

所以从今往后，不必强求与注定无缘的人在一起，请放手转身。对于相处不愉快的人，也选择各自安好。你只需要记住，不属于你的圈子，与你无关。人到中年，学会不合群，享受独处的乐趣，领悟寂寞的内涵。

三观不同，不必同行

有个很有意思的说法："人与人相处，因为五官相符而吸引，因为三观不合而离开。"就像很多郎才女貌的情侣、门当户对的夫妻，表面看起来是那么般配，可是真正在一起却矛盾重重。其中的大部分原因就在于两人的三观不合。外表再好，也会没戏。

三观无疑是个烂熟的名词，三观通常指世界观、人生观和价值观，人们早已认识到它的重要性。当提到"三观不合"时，一般指人们在这三个方面的观念和看法与他人存在显著差异，从而影响彼此的合作和相处。

如果两个人三观不合，外表再般配，也不能长久。虽然最初的吸引是始于颜值，可是再好看的皮囊也敌不过彼此思想无法共鸣所带来的缺憾。你的想法他不支持，他的意愿你一票否则，如何能够天长地久呢？两个人在很多事情上的看法总是南辕北辙，并因此而两天一小吵三天一大吵，多言不如闭嘴，最后双方都懒得争辩，越来越累，宁愿选择分道扬镳。

历史上就有许多因为三观不合而分道扬镳的故事，其中的经典之一就是曹操与陈宫的故事。

曹操和陈宫的关系可以说是亦敌亦友，陈宫多次帮助过曹操，也给曹操带来过不少麻烦。有一次，曹操刺杀董卓的行动失败后，不得不开始逃亡。他与陈宫投宿在吕伯奢的府邸，吕伯奢对他们慷慨相待，还亲自出门去买酒款待他们。

吕伯奢出门后，曹操在吕府中听到后堂传来磨刀的声音，误以为吕伯奢一家打算出卖他们，便将其家中人口尽数杀害。事后才发现，吕家磨刀只是为了准备杀猪招待他们，而曹操的行为却已经造成了无法挽回的损失。他们被迫逃离吕家府邸，途中与吕伯奢相遇，为了避免事情败露，曹操毫不犹豫地对吕伯奢下了毒手。

眼见曹操对待吕伯奢一家如此冷酷无情，陈宫询问其原因。曹操回答道："宁可我负天下人，不可天下人负我！"这一观念也正是他在权谋之路上的坚决态度。然而，一度仰慕曹操忠义的陈宫自然无法认同曹操的这种价值观，更无法接受曹操在吕伯奢事件中的行为。由于价值观的分歧，陈宫决定与曹操分道扬镳。

心理学家霍妮曾指出，人与人之间的最大差距并非来自社会地位、财富、教育程度或外貌美丑，而是源自价值观。

当两个人的价值观不同，无论他们如何努力，都很难维持长久的相处。即便强行保持在一起，这不仅会让自己感到疲惫不堪，也会让双方都感受到尴尬和不适。

与拥有不同价值观的人相处，常常是一种沉重的经历。由于三观不合，彼此无法在同一个频道上理解对方，注定无法同行共进。这种情况下，共同的交往可能会变得困难，因为相互之间的分歧和不合可能会导致矛盾和冲突。因此，在建立人际关系时，共同的价值观和理念通常扮演着至关重要的角色。

三国时期，魏国的管宁和华歆是同窗好友，但是虽然他们情谊深厚，两人的人生目标却截然不同。

管宁一心追求学问，对名利权势漠不关心，华歆却对读书不感兴趣，渴望在仕途上取得名利和权力。

有一天，一位高级官员乘坐马车经过他们，管宁全神贯注地沉浸在书本之中，而华歆则放下手中的书本去追逐马车。管宁看到华歆不仅不专心学习，还对当官的生活心生羡慕，意识到两人的价值观和目标有着巨大的差异，预感他们注定无法共同前行。

当华歆回来后，管宁毅然将他们一同坐着的席子割开，就此与他"割席断交"。

《论语》中说："道不同不相为谋，志不同不相为友。"人与人之间关系的稳定和持续，往往建立在共同的三观、价值观以及相似的观念基础上。当人们在重要的道德观、信仰、目标等方面保持一致时，他们更容易理解彼此，共同协作，以及维持亲近的关系。这种共鸣有助于减少冲突，增强信任，以及更好地解决问题。

相反，如果人们的三观差异过大，可能会导致沟通不畅、意见分歧和不满，最终可能会导致关系疏远甚至破裂。因此，寻找和保持那些在价值观和信念上与自己相似的人，有助于建立更稳定、更健康的人际关系。当然，这并不是说所有的差异都是不好的，但在一些核心价值观和重要领域的一致性，通常对于维持亲近的人际关系至关重要。

兴趣不同，不必强求

我有一个朋友，是个狂热的美剧迷，尤其喜欢看美国律政剧、法庭戏，什么《律师风云》《波士顿律师》《十二怒汉》《傲骨贤妻》，每次讲起来都如数家珍。他自己喜欢看就罢了，还经常向我推荐这些作品，可我对此完全提不起兴趣，所以每次对他都有点敷衍的意味。我本人呢，比较喜欢看书、旅行，有时候也会给他推荐好书或者邀他一起旅行，也都遭到他的"无情"拒绝。不过，我们倒是没有因为这些闹过意见，只不过减少了向对方分享兴趣的次数。

每个人都有自己独特的兴趣爱好，这是人之常情。我们不应该因为别人的兴趣与自己不同就嘲笑或指责他们。对于我和我的朋友来说，他的热情是美剧，而我则喜欢看书和旅行，这并不代表我们的价值观或兴趣就有高低之分，而是展现了我们多样化的个性和偏好。相互尊重、理解和包容才是建立和维护友谊的重要基石。无论我们的兴趣如何不同，我们都应该尊重彼此的选择，不要强求对方与自己相同。

朋友之间兴趣不同比较好解决，情侣或者夫妻之间兴趣不同的情况就相对复杂了。

在现实生活中，许多年轻夫妻在结婚后突然发现彼此的兴趣爱好存在差异，比如男方喜欢玩游戏，女方却热爱跳舞。男方希望妻子坐在身旁陪自己玩游戏，但妻子对此不感兴趣；而妻子则期待丈夫能够陪自己出去跳舞，又怕被认为轻浮，因此双方逐渐形成了鸿沟，甚至引发了家庭纠纷。

事实上，现实中很少有夫妻的兴趣完全一致。因为每个人的兴趣爱好都各自独特。数学家和护士、舞蹈家和工人等各种组合在社会中都有。

兴趣的不同并不意味着夫妻关系的失败。爱因斯坦的妻子喜欢整洁，而爱因斯坦却颇为随意，我们不能因此而说他们不合适。

虽然兴趣不同是事实，但关键在于如何处理这种情况。即使兴趣不同，夫妻双方依然可以通过尊重对方的爱好、互相学习，逐渐培养出共同的兴趣。这就需要夫妻之间的沟通和理解，以及愿意为了对方的快乐付出努力。

宋代女词人李清照和她的丈夫、金石学家赵明诚的兴趣就各不相同。李清照较为活泼，而赵明诚则喜欢宁静。她喜欢下棋，并且规定输了棋就要填写词，而赵明诚的棋艺并不高，填词更不如妻子。然而，为了照顾妻子的兴趣，赵明诚总是愿意放下手中的事情，积极地陪伴李清照下棋。

每当天下大雪，李清照喜欢外出欣赏自然风光，寻找灵感。赵明诚虽然对此并不感兴趣，但仍然会欣然奉陪。反过来，当赵明诚专心研究方寸之石时，李清照也会克制自己，不去打扰丈夫。

在夫妻关系中，兴趣的不同并不意味着矛盾或隔阂。李清照和赵明诚都以对方的快乐和兴趣为重，愿意为了配偶的喜好而付出。这种互相尊重和理解不仅增进了感情，也有助于夫妻关系的稳固。

我曾在知乎上看到一位女性发的帖子，她说：

"我和爱人的关系是：彼此都有自己的朋友圈，各自安好，爱人喜欢结交朋友、聚会聊天，我则喜欢独处，向往宁静，偶尔也会约朋友一起出去踏青。

今晚我花了两个小时炸了香喷喷的茄饼藕盒，爱人下班后却兴冲冲地告诉我说，他约了朋友一起出去吃饭。哈哈，饭店的菜可没有我做的好吃，随他去吧！怎么开心怎么来，我一个人享受美食，不亦乐乎！

吃饱喝足后，我静静地看会儿书、书写一下心情，无比珍惜这难得的悠闲时光。我也不大喜欢关注别人的事情，觉得享受独处真的很棒。"

我觉得这位女性的心态和做法也非常棒，虽然夫妻之间的兴趣截然不同，但是彼此心平气和、互不打扰，优哉游哉。

诚然，虽然爱情并不以兴趣和爱好的一致为前提，但人与人之间的感情确实会在彼此的接触和交流中得到发展和深化。共同的兴趣爱好可以促进感情的发展，因为拥有共同的话题和活动可以增加双方的互动。虽然兴趣爱好不一致并不是感情失败的必然因素，但如果双方有相似的兴趣，那么他们可能更容易建立联系，产生共鸣，从而促进感情的增进。

但是，即使兴趣不完全相同，也不必为此苦恼。夫妻之间的差异是正常的，通过互相关心和包容，可以让兴趣的差异成为丰富夫妻关系的一部分，而不是导致冲突的原因。积极的态度非常重要，可以尝试协调双方的兴趣爱好，互相补充，从而创造一种更丰富多彩的关系。

03

完美主义的自我救赎

曾经认识一位女孩，最初的时候和人说话总是扭扭捏捏，不怎么抬头。熟了以后，倒是愿意抬头说话了，却总是紧皱着眉头，不与人对视，有时候还习惯性地拨弄她那长长的刘海遮挡住自己的右脸。

有一次，我实在忍不住了，问她："你的脸怎么了？"

她期期艾艾地说："你别看我的脸，太丑了。"

我一时没有反应过来。我又不是没有看过她的脸，那怎么能算丑呢，反而还挺漂亮。

于是我不解地问她："我觉得挺好的啊，五官啊皮肤啊都没得说。"

　　她这才撩开右脸的头发，直直地望着我说："这还不难看吗？你没有发现什么吗？"

　　我仔细看了看，狐疑地摇头。

　　她这才幽怨地说："你没有发现我的两边脸不对称吗？左边小右边大，好丑啊！"

　　哦，原来如此。我顿时了然。然后又探究性地看了看她的脸，不置可否地问她："不对称又怎样，对你有什么影响吗？我看只有你自己在乎罢了。"

　　她一听就激动了，反驳道："才不是呢。我发现老是有人盯着我的脸看，肯定是在心里笑话我呢！"

　　我知道她的问题所在了，便耐心地对她说："我接触的人可多了，这你知道的吧。两边脸或多或少有点不对称的人其实挺多的。但是我给人做造型的时候，并没有觉得这是什么大问题，完全不影响一个人给人的视觉效果，除非是非常明显的不对称。但你的根本不明显啊，你要是不说的话，我根本看不出来。你呀，太追求完美啦！"

　　"是吗？真的不丑？"她的眉目舒展开来，嘴角上扬。

　　"当然不丑啦，你的美是不打折扣的！你看你现在，笑起来多好！"

　　这就是典型的完美主义者，这样的人在生活中比比皆是。比如有人在别人眼里看起来很漂亮，可她却总能给自己挑出一堆莫须有的毛病；有人明明很出色，却总是对自己做的每一件事情都不满意；有人不但挑剔自己，也挑剔别人，使得身边的人都对他敬而远之……

为此，加拿大心理学家保罗·L.休伊特曾将完美主义性格分为三种类型：第一种是要求自我型，为自己设下高标准，并追求极致；第二种是要求他人型，为别人设下高标准，不允许别人犯错误；第三种是被人要求型，为了达到他人的要求，时刻都要保持完美。所以很多时候，完美主义既不让自己好过，也不让别人好过；既不喜欢自己，也不讨别人喜欢；既无法悦纳自己，也无法悦纳别人。

完美主义是病，自查你有什么病

美国的《今日心理学》期刊指出："完美主义是一种流行病。"

虽然完美主义不是一种身体疾病，但是在心理学家看来，它确实是一种病态的心理，或者说是一种情绪问题。有研究显示，完美主义者很多都是强迫性人格，他们对于秩序感的要求极高，有刻板的道德感，喜欢制定周密的计划，并强迫自己或他人一切按照计划行事。无论是对人还是对事，他们都会不断地追求更好，希望能超过他人。

完美主义有很多类型，包括"容貌完美主义""成绩完美主义""爱情完美主义""人际交往完美主义""健康完美主义""品行完美主义"等。如果你问有以上倾向的人是不是完美主义者，他们一定会回答你说，我离完美差得远呢！

那么，要如何才能判定自己是否是一个完美主义者呢？可以通过以下几个特征进行自查。

1.高标准和苛求完美：用极高的标准来要求自己或他人，并追求无可挑剔的完美结果。他们可能对自己或他人的工作、外貌、关系等方面要求非常严格，并感到对任何缺点或错误都难以容忍。

2.自我批评和焦虑：常常对自己的表现进行严厉的自我批评，并对自己的缺点或错误感到焦虑和不满。他们可能过度关注自己的不足之处，对自己的能力和价值产生怀疑。

3.追求外界认可：常常希望得到他人的认可和赞赏，认为只有达到完美的标准才能得到别人的认可和喜爱。他们可能对他人的评价非常敏感。

4.避免失败和承担风险：常常害怕失败和承担风险，因为他们担心失败会暴露自己的不完美和不足。他们可能过分谨慎，避免尝试新事物或面对可能导致失败的挑战。

5.过分拖延：他们总是认为，只有做好充分准备才能开始实施计划，但他们永远在准备，一而再再而三地推迟计划，因为他们觉得永远不到时候。

6. 极端的判断模式：看问题往往只看两面，非黑即白。只要是他们认定的事实或下定的决心，就不会改变，并对其他相反的意见变得过激，这一切源自他们内心深处的焦虑和恐惧。

7. 不断追求改进：完美主义者往往追求不断改进和进步，他们对自己或他人的工作和表现永远不满足，总是寻求更好的结果。他们可能投入大量时间和精力来提升自己或要求别人提升，并感到只有达到完美才能获得满足感。

如果你有以上的一些特征，就要注意可能具有完美主义倾向。如果这种倾向已经影响到你的正常工作或生活，那就亟须你去克服它。不过，完美主义并非绝对的特征，而是一个程度上的倾向。一个人可能在某些方面展现出完美主义的特点，而在其他方面则不一定。所以不必如临大敌，而要在认清完美主义的基础上消除完美主义。

完美并不美，而是困扰

不可否认，那些事事过度追求完美的人，往往有着某种偏执，很多事，如果不能达到预期，他们宁愿不做；很多东西，如果不能符合内心的期望，他们宁愿不要。你相信，有人富甲一国，却宁愿选择席地而眠也不买张床吗？追求极致的完美主义者乔布斯就是这样干的。

据说，乔布斯偌大的房子里没有一件家具，甚至连床也没有一张，究其原因，是因为他找不到一张符合自己要求的床，所以这位亿万富翁宁愿睡在地上。

乔布斯的好友拉里埃里森（甲骨文公司创始人）曾在公开场合证实此事，他说："我以前和乔布斯是邻居。我曾去过他的家中，进门后我吓了一跳，里面空空如也，不仅没有一样家具，甚至连床也没有。他告诉我，因为自己找不到满意的家具，所以索性不买。这是他一贯的作风，如果达不到他的要求，他宁愿不要。"

闻名于世的乔布斯生来就是一个典型的完美主义者吗？也许与他的家庭教育有关。他的父亲就是一个对细节吹毛求疵的人，并曾告诫他："柜子和栅栏背面的制作也必须完美，尽管这些地方人们看不到。"

正是在父亲的影响下，乔布斯从小就对每一件事情都要求尽善尽美到几近神经质。这虽然促成了苹果公司的伟大成功，却使他在人际方面十分糟糕。因为他在要求自己完美的同时，也要求别人完美，任何人如果不能达到他的要求，他就会暴跳如雷，横加指责，给周围的人造成巨大的压力。无论何时何地，只要他感到不满意了，也不管对方已经付出了怎样的努力，他都会毫不留情地走过去说："你全做错了，太糟糕了。"为此，他的合伙人沃兹离开了苹果公司，一起离开的还有几十位无法忍受他的工程师。对于乔布斯来说，这何尝不是一种失败，一种对完美的覆灭。

爱比克泰德说："人们的困扰往往不是来自事物本身，而是出自他们对事物的看法。当你的字典里出现'不完美'三个字的时候，或许你的困扰会少很多。" 事实上，不完美是一种常态。在现实生活中，几乎所有事物都难以达到完美的状态，因为完美通常被定义为没有任何缺陷、瑕疵或缺陷的状态。然而，这样的完美是非常罕见的，几乎可以说是不可能的。即使是美丽的花朵或绝妙的艺术品，也可能存在微小的瑕疵或差异。

人人都说"家有万贯金银，不抵钧瓷一片"，钧瓷作为中国五大名瓷之一，是极其珍贵的。但就是这样一种名贵的瓷器，却不以完美为美。陶器烧制历来要求釉内夹层不能有气泡，而钧瓷却因釉变而形成了特殊的美感。一件价值几百万元的古代钧瓷，其上不仅有斑点，斑点上还有熔点，但丝毫不影响它的价值连城。因此，不完美不应被视为负面的特征。

如果一个人过于追求完美，对一切都要求无可挑剔，那么很容易遇到挫折和失望。因为完美是非常难以达到的，几乎所有事物都有其不完美之处。如果一个人对此不能接受，那么就会持续感到焦虑、失落或不满。如果我们能够摒弃对完美的过度追求，学会接受事物的不完美之处，以更宽容的心态看待问题，那么我们将减少许多因对事物态度而带来的困扰，并能够减轻情绪上的压力，更好地应对生活中的挑战。

停止焦虑，自我救赎

由于工作性质，我接触的女性较多，我发现很多女性的焦虑都是完美主义作祟，其大多数来自容貌、伴侣和孩子。

1.就容貌而言，众所周知，女性对于美的追求是孜孜不倦的，看一下整容市场就知道了。一是因为社会对女性的外貌有着严格而特定的审美标准。而媒体、广告和社交媒体通常呈现出理想化、经过加工的美丽形象，这可能会让女性觉得自己不符合所谓的"美丽标准"，从而导致容貌焦虑。二是女性可能倾向于与其他女性进行外貌上的比较，这种比较往往导致她们对自己的外貌感到不满意。三是女性可能感觉外貌与她们的价值和社会地位紧密相关，从而产生强烈的焦虑。四是随着年龄的增长，女性可能面临来自社会和自己的压力，觉得自己不再符合年轻、吸引人等标准，从而加剧容貌焦虑。

其实，追求容貌上的完美是一种不切实际和不健康的心态，只会给自己带来压力和焦虑。每个人都有独特的外貌特点，要学会接受和珍惜自己的样貌，培养积极的自我形象和自尊心。而社会上的美丽标准也是多样的，没有固定的"完美"模样，不要过度追求符合传统或媒体所呈现的外貌标准，而应注重内在的培养。

此外，不要将自己的价值仅仅定义为外貌的好坏，而应将注意力转移到个人的品质、能力和成就上，以更全面的方式来评价自己。作为一个异性视觉来看，女性真正的美丽来自自信、健康、善良和独特。

2. 就伴侣而言，女性总是觉得自己的伴侣不够完美（不过这也是人的通病，不分性别）。在与伴侣朝夕相处的过程中，人们更容易注意到他们的缺点。一是因为与伴侣建立了亲密关系以后，双方更多地暴露于彼此的日常生活和行为中，这种熟悉度使得人们更容易注意到对方的缺点。二是在感情关系中，女性常常对伴侣寄予很高的期望。当对方未能达到她们的期望时，她们就更容易注意到对方的缺点而忽略了他们的优点。三是为了避免过于依赖伴侣或受到伤害，女性常常有意识地关注伴侣的缺点。这种自我保护机制可能导致女性更加警觉地寻找问题。四是女性常常通过将伴侣与其他人进行对比来评估他们的价值和表现。这种对比可能会导致女性更容易注意到伴侣的缺点，特别是与他人的优点进行比较的时候。五是当伴侣之间存在沟通问题时，对方的缺点往往更加突出。如果女性无法有效地表达自己的需求和感受，就可能对伴侣的行为产生更多的负面感受。

事实上，无论男性还是女性，在感情关系中都应该努力理解对方，并关注彼此的优点和价值而不是追求完美。重要的是，我们要学会宽容和接纳对方的缺点，并共同努力解决问题，建立健康、稳固的伴侣关系。积极的沟通和尊重彼此的差异是维持长久关系的关键。

3. 就子女而言，女性期望其完美的心更切。一是因为母亲通常深爱着自己的子女，她们对子女完美的要求往往是出于对他们的关爱和期望，希望他们能过上更好的生活。二是一些社会和文化传统过于强调子女的成就和表现。在这些文化中，母亲可能会感受到来自社会和家庭的压力，要求子女在学业、职业和社交方面表现出色，以获得社会认可。三是女性可能将教育视为子女未来成功的关键，并相信只有在所有方面都取得优秀的成绩和表现时，子女才能有更好的机会和未来。四是一些母亲可能会将子女的表现与自己的自尊和自我价值联系在一起。如果子女表现出色，母亲可能会感觉更有成就感和满足感。

然而，过度要求子女完美可能给他们带来过大的压力和焦虑，影响他们的心理健康和自信心。作为一位母亲，重要的是要理解每个孩子都有自己的优点和特点，并鼓励他们发展自己的兴趣和才能，而不是简单地追求完美的外在表现。与此同时，父母应该齐心协力地建立积极的家庭环境，支持和鼓励子女，帮助他们健康地成长，树立正确的价值观，这将有助于建立良好的亲子关系。

当然，不管是在生活、工作还是学习中，适度地追求完美都是有益的，它能起到积极的、催发的作用。我们这里讲的是过度地追求完美，它使人总是求全责备，不断陷入怀疑、痛苦和自卑之中，从而摧毁一个人的自信，使人彻底失去底气。只有停止对不完美的焦虑，才能完成救赎，找回底气。

04

置顶自己的感受

你会因为别人的一句话而闷闷不乐一整天吗？你做人生选择的时候会顾忌父母的看法而违背自己的本意吗？你会在着装问题上迎合大众的审美吗？……相信生活中有很多人都会中招。

我也不曾忘记自己第一次见客户的心情，总之各种纠结。不知道自己是否显得太过急切，不知道自己的衣服是否得体，不知道自己的言谈举止是否自然……虽然对于一个职场新手来说，这些关注点并无问题，但是多年过去，每当我想起那时的场景，我都会想，如果当时我不去顾虑种种，也许会发挥得更好，因为根据这些年的从业经验来看，顾客更关注一个造型师的核心竞争力，而不是其他。所以现在，我每次与客户合作都尽量减少自己的内心戏，而是一门心思地想着如何给对方打造出一个惊艳的造型，这才是吸引并留住客户的法宝。

人们总是太在意别人的眼光，归根结底就是害怕别人讨厌自己。我想说的是，不要总把别人的事情往自己的身上揽，有时候，别人并没有想象中那么关注你。与其在意别人对自己的看法，不如专注于自己的世界，做最好的自己。人生于世，不可能所有人都喜欢你，做好自己，问心无愧就好。

比起别人如何看自己，我更关心自己过得如何。

在《庄子·逍遥游》里，有一个鲲化鹏的故事。讲的是北海有一条叫作鲲的大鱼，化身为大鹏，乘着海风飞到了南海天池。在飞行途中，鲲鹏先后遇到了蝉、小斑鸠和麻雀，它们都嘲笑它自不量力，放着轻松自在的日子不过，要飞到那么远的地方去。它们声称自己平时再怎么努力地飞，也最多只能飞到榆树和枋树上，有时还没有飞到树上就会摔倒在地。因此，它们一般只在树枝间飞翔，飞不动了就停下来休息，好不惬意。不过，鲲鹏并没有因为它们的话而受到影响，而是继续乘着大风盘旋而上，直飞到那九万里高空。

这个故事使我们想到一句话：燕雀安知鸿鹄之志？眼里只有矮小榆树的蝉、小斑鸠和麻雀，又怎能理解鲲鹏的远大志向呢？每个人的追求不同，对生活的理解也不同，看待一件事情的角度和标准自然不同，于是难免发出不同的声音，所以完全没有必要在乎别人的评价。正如王朔所说："所谓的活明白，最重要的一件事就是，绝不把评判标准交给别人。"他人可以有他人的评判，但你要坚持你的追求，绝不能让他人的评价影响你的生活。

随着年岁渐长，我们接触和认识的人越来越多，如果做每一件事情都要去照顾别人的想法，大到择业、择偶，小到穿衣吃饭，总是因为别人的缘故而违背自己的心意，岂不是很累？

有一本很火的书叫作《被讨厌的勇气》，作者是"自我启发之父"阿德勒。在书中，哲人说："在犹太教教义中有这么一句话：'倘若自己都不为自己活出自己的人生，那还有谁会为自己而活呢？'如果一味寻求别人的认可、在意别人的评价，那最终就会活在别人的人生中。"如果一个人总是在意别人的评价，不断妥协自己的价值观和个人目标，那么他并不是真正活出自己的生活，而且还会活得非常累，因为他的生活是被动的。

在这种情况下，个人的决策和行为可能会完全取决于他人的期望和意见，而不是根据自己内心的真实需求。这样的生活会导致他失去自己的个性和独立性，使他可能会感到失落、沮丧和对自己的生活不满。

因此，最重要的是建立自己的自尊心和自信，坚持自己的价值观和目标。虽然关注他人的看法是正常的，但也要学会过滤和选择哪些评价对自己有建设性，哪些应该忽略。保持自己的真实和坚定，追求符合自己内心愿望的生活，而不是过度迎合他人，当你真正做自己而不在乎别人的眼光时，你会发现内心更加自由，更加快乐。正如东野圭吾在《盛夏的方程式》里写的："你的任务就是，珍惜你自己已有的人生，而且还要比之前更加珍惜。"

不怕被讨厌以后，我变得更快乐了

27 岁的小 D 是一位白领，拥有一份稳定的高薪工作，她平时很节省，却一直没什么存款。因为她赚的钱除了自己的日常开销外，全都花在了别人身上。

小 D 的哥哥比她大一岁，由于总是换工作，所以不但没攒钱，还经常不够花，要小 D 补贴他。小 D 的爸爸做点小生意，时不时地周转不灵，需要小 D 补贴。而家里要是缺东西了，妈妈也会告诉小 D，要她买。

此外，每次和朋友或同事出去吃饭，小 D 也经常买单，用她的话来说，没办法，我看别人也没有要买单的意思呀，难道吃霸王餐不成？不仅如此，偶或还有朋友找她借点小钱，要么拖很久才还给她，要么根本就不还。小 D 也不好意思问，生怕别人不高兴。

这样一来，家人和朋友倒是高兴了，可是小 D 自己呢？平时吃穿很一般，没有余钱旅游和投资，谈了三年的男朋友也分手了，说她不但没攒钱，还把钱全送人了，不是过日子的料。每当夜深人静的时候，小 D 一想到自己的处境就会十分痛苦，不知道如何才能改变现状。

后来，小 D 认识了一个新朋友，是个心理咨询师。朋友了解她的情况以后，问她："你工资这么高，工作累吗？"

"当然累了，有时候真不想干了。可是我又没有攒钱，哪敢辞职呀？"

"那你的家人知道你这么辛苦吗？"

"他们哪管那么多，从来没有问过我。我也从来不向父母诉苦，害怕他们说我吃不了苦。"

"既然他们都不心疼你，那你为什么要把钱都补贴他们呢？"

"他们有难处，我不给钱谁给钱呢？那他们还不恨死我。"

"这就是你的问题。你为什么要在意他们恨不恨你？大家都是成年人了，谁也没有义务补贴谁。你可以对家人适当地表达物质感恩，但是要以自己过得好为前提。"

小 D 听朋友这么说，似乎明白了什么。

从那以后，她开始学着拒绝家人的要求，但是每逢过节，她都会给家人买礼物。平时出去吃饭，她也不会争着买单，而是建议"轮流制"。朋友找她借钱，她一般都会找理由拒绝，除非对方真的有急用，她会叫对方立借据……她觉得自己似乎越来越"无情"了，可是心里却轻松了很多，生活也更有激情、更有盼头了。她这才意识到，不怕被人讨厌的感觉是如此爽快，就如同打开了禁锢心灵的枷锁。

阿德勒在《被讨厌的勇气》中说：真正的自由，就是拥有"被讨厌"的勇气。可是，谁愿意被人讨厌？谁不想人见人爱花见花开？谁不希望自己人缘超好，魅力超大？但是你想过吗，如何才能成为这样的人呢？低到尘埃里，讨好和顺从别人？那只会被人瞧不起。光芒四射，让所有人俯首称臣？那只会招人妒忌。所以，无论你活得好与不好，都无法使所有人称心如意。既然如此，不如置顶自己的感受，敢于被讨厌，做自己世界的主人，真正感受快乐。

被人讨厌可能是因为他们与你的想法或行为不一致，但这并不意味着你需要改变自己来取悦他们。重要的是，别人如何看待你，并不决定你的价值和幸福。你的价值是独一无二的，你的快乐是由内心产生的。追求自己的兴趣、目标和价值观，坚持做正确的事情，将会带来更有意义的生活。保持真实的自我，拥抱自己的特点和独特之处，这样你会吸引到与你相契合的人，建立更真实的关系。

在这个过程中，你可能会遇到挑战和批评，但这些都是成长的机会。学会从反对和批评中吸取经验教训，而不是让它们打击你的信心。自信而真实地面对生活，你会发现自己更加坚强和快乐。

记住，自己的快乐是最重要的，不要让别人的意见左右你的幸福。

课题分离，谁苦恼谁负责

可是，有人说，我就是那么容易受人影响，怎么去改变呢？

阿德勒说，要想活出真正的自我，就要学会"课题分离"。每个人的人生都有三大课题，即工作课题、交友课题和爱的课题，人的人际关系就包含在这三大课题中。

那么，什么是课题分离呢？它包括两个关键，一是划清界限，你的事情是你一个人的事情，由你自己负责，与我无关；二是做好我的界限之内的事情，比如我可以去安慰、理解和关心你。

正如《被讨厌的勇气》里举的例子：

假如你的父母十分反对你选择的图书管理员的工作，为此，你的父亲对你大发雷霆，母亲守着你痛哭流涕，他们甚至威胁你，说绝对不会承认你这个图书管理员儿子，如果你不与哥哥一起继承家族事业，就要与你断绝亲子关系。这时候，课题分离就会教你如何去克服这种"不认可"的感情。即，你父母的态度并不是你的课题，而是他们自己的课题。你根本无须在意。你应该做的，就是'选择自己认为最好的道路'。至于别人如何评价你的选择，那只是别人的课题，你无法改变。人之所以如此在意别人的看法，就是因为他还不会进行课题分离。

    阿德勒讲得很清楚，所谓的课题分离，就是要学会把自己和别人的人生课题区分开来，做到不允许别人干涉你的课题，你也不去干涉别人的课题。总之就是，谁苦恼谁负责。

    比如，你发现老板很生气，你立刻想，是不是我的工作没有做好？怎么办，老板会不会辞退我？而课题分离则教你做这样的转换：老板生气是他的问题，我不应该为此苦恼。我要做的就是检查自己的工作，如果发现问题，便及时解决。

    在进行这样的课题分离之后，你就不会因为陷入老板生气这件事而诚惶诚恐，而是把重心放在自己应该做的事情上面，这才是解决问题的正确方式。

    总的来说，课题分离的核心就是划清个人和他人之间的界限，并在各自的范围内负责自己的事情，同时在人际关系中表现出尊重、理解和关心他人。

    具体来说：

    1. 划清界限：鼓励个体认识到每个人都有自己的生活课题和责任，而这些并不是其他人所能干涉或控制的。因此，我们需要尊重他人的隐私和个人空间，不插手他人无须我们介入的事务。

    2. 自主负责：每个人应该对自己的决定和行动负责，而不是将责任推给他人。这意味着要学会处理自己的问题，追求自己的目标，而不是依赖他人来解决自己的困难。

3. 提供支持：虽然我们要尊重他人的自主权，但也可以在适当的时候为他人提供支持。这包括安慰、理解和关心他人，在他们需要帮助或倾诉时，倾听和给予支持。

4. 建立健康关系：课题分离有助于建立健康、平等和尊重的人际关系。通过尊重他人的独立性和边界，我们可以建立更加稳固和持久的人际关系。

总之，课题分离是一种在人际交往中平衡自我和他人需求的重要心理技能。它能够帮助我们保持个人的独立性和自主性，同时也能够在关心他人的同时保持适当的距离，以促进健康的人际互动和个人成长。

底气

遇见完整且

松弛的自己

6

愛自己，就愛惜好自己的羽毛

01

脾气好的人，别人不会对你太坏

国学大师南怀瑾告诫我们说："脾气越大，福报越浅。脾气越硬，命运越惨。越是为人倔强，喜欢跟人较劲的人，人生就越不顺，命运就越不好。"

这是有一定道理的。

为什么脾气大的人福报浅呢？因为脾气大的人容易情绪激动，甚至暴躁，而情绪是影响身体健康的重要因素之一。情绪容易激动的人，在长期紧张的状态下，可能会导致身体出现病症。

身体是人最重要的资本，没有一个健康的身体，就难以拥有真正的福气。脾气越大，伤害身体的可能性也越高。想象一下，一个人整天需要依赖药物来维持健康，他能够快乐吗？很难。脾气大的人往往难以体会到真正的快乐，他们可能总是想着消极的事情，进而形成恶性循环，进一步损害身体健康，使得福气逐渐减弱。在这种情况下，甚至可能在年轻时就健康状况不佳。

反过来，脾气好的人往往拥有更加厚重的福气。这是因为，脾气好的人在与人相处时，常常以平和温暖的态度对待他人。无论面对人还是事，他们都能以宽容的心胸去接纳，而非轻易产生反对和愤怒情绪。

这种善于控制脾气的人在人际交往中，能够积极积攒福气。脾气好的人不容易与人发生冲突，他们拥有开放的眼界和胸怀。无论遭遇怎样的对待，他们能够保持微笑，不易受外界影响；无论事情多么重大，他们都能耐心克制自己的情绪，以积极的心态来解决问题。

这样的人善待他人，同时也造福于自己。由于他们不容易发怒，便减少了对身体的伤害。拥有健康的身体和良好的人际关系，将使他们的未来道路越走越顺，福气逐渐积深。

所以，一个人要学会掌控情绪、保持良好的脾气，这能够为我们带来积极的人生体验。做一个好脾气的人，以平和的心态应对生活的各种挑战，积极解决问题，同时也为自己赢得更多的机遇和幸福。

礼之用，和为贵

大家都知道曾国藩是一个有大智慧的人，可是他年轻的时候却因为脾气暴躁，常常与人发生争吵，甚至为一些小事大动肆言。这导致他的同僚对他避而远之，甚至连同乡也不愿意与他过多接触。这种坏脾气让他在官场上声誉不佳，对他的仕途发展造成了负面影响。

由于被孤立和声誉问题，曾国藩在官场上陷入了困境。好在他后来意识到自己的问题，努力调整了自己的心态和脾气。随着他逐渐变得更加平和和容忍，他在官场上的表现也开始逐渐好转。

在创建湘军时，曾国藩已经修炼成一副好脾气，这为他在湘军的发展中赢得了广泛的尊重和支持。尽管他原本是一名文人而非武将，但他成功地统治了一个庞大的军队。曾国藩之所以能够取得如此成就，他自己总结为两个字："和气"！

曾国藩的得意门生李鸿章曾详细记录了师傅日常生活的情景，其中一个场景是在忙碌的军事行程中，曾国藩常常与士兵们一起共进午餐，饭后与他们围坐在一起，引导深入的讨论。他也会讲一些轻松的笑话，引来欢声笑语。

在1861年，李秀成的起义军向他们的军营发起攻击，士兵们感到恐慌，甚至有些人开始打包准备逃离。当曾国藩得知这一情况后，他并没有露出丝毫动摇，也没有怒斥逃兵，相反，他以宽容之心对待这些人。他允许想要离去的士兵提前领取三个月的工资，并保证战事结束后欢迎他们回来。这种宽大的态度让士兵们感到愧疚，他们放弃了逃离的念头。

　　面对起义军的威胁，曾国藩完全可以实行严格的军纪，但他选择了以宽容的心态对待那些出于恐惧想要逃离的士兵。这个故事突显了在人际交往中，微笑和善待他人的重要性，这种态度可以减少矛盾，赢得友情和信任。这也是曾国藩得以赢得众人尊敬和信服的秘诀。他身体力行的"和气"理念，成为使他在人际关系中游刃有余的重要法宝。这也符合《论语》中的观点——"礼之用，和为贵"。

　　脾气的控制，就像航船的舵手掌握着方向一样，它决定了你人生的前进方向。即时的情绪爆发可能会导致你失去一生的机会。如果你希望在人生的道路上稳步前进，就必须保持内心的平静和谦逊，避免让脾气的干扰影响你的前进步伐。无论面对什么人和事，都需要保持耐心和理解。

　　当你能够控制自己的脾气，冷静地应对生活中的各种情况，以宽容的态度对待他人，你会发现身边愿意帮助你的朋友越来越多，生活的道路也会变得更加宽广。你要明白，待人宽厚会为自己带来益处。虽然人通常以自己为中心，但对他人的友好待遇可以为你争取更多帮助。一个微笑能化解千愁，一句柔声细语能排解许多烦恼。你会发现，很多曾经看起来困难的事情，现在都会迎刃而解。所以，通过控制自己的脾气，保持和谐的人际关系，你将能够创造更加愉快的生活，迎来更多机遇和成功。

不是压抑情绪，而是收放自如

对于现代女性来说，职场打拼和持家管理的双重身份让她们承受了很大的压力，很多时候还会遇到一些挫折和不公平，所以难免出现情绪的起伏。但是承认情绪的客观存在，并不意味着我们可以放纵这种情绪的蔓延。一个优雅稳重的女性是不会让自己的情绪影响到别人的。因为所有情绪的发泄，只会破坏自己的好心态。只有当她能够控制自己的心态时，她才可能成为人生的赢家。

优雅女人的秘诀，就是懂得控制情绪。这种淡定不是训练出来的，而是一种克制；从容不是伪装出来的，而是一种沉淀。

有句话说得很好，水深则流缓，语迟则人贵。一个能控制住不良情绪的人，比一个能拿下一座城池的人更强大。当一个女人能做自己情绪的主人，以理性的行为来实现个人的尊严时，会产生一种特别的美感，这种美，就是我们所说的优雅。

好的女人，就像家里情绪的调节神器。我认识一位女性，性格非常温和，她有一个神奇的本事，就是不管走到哪里，家人都喜欢围着她转。假如她在厨房做饭，她老公就会拿着书站在门口和她聊天，她走到阳台晒衣服，老公就会管不住自己脚步跟着她走。后来生了孩子，小孩也喜欢追在妈妈屁股后面，哪怕她上厕所都要站在门外陪她聊天。

她家里的气氛非常好，很少出现愤怒或者焦躁的情绪，即使有时候出现一些矛盾，大家也会心平气和地坐下来，以商量如何解决问题为目标来展开家庭会议。这是一个非常聪明的女人，她稳定的情绪不仅让自己生活愉悦，还营造了一个和睦幸福的家庭。

生活不可能事事顺利，有时候工作上遇到一些问题，与人打交道出现分歧，或者与伴侣之间产生间隙，都是不可避免的，我们唯一可控的，就是自己的情绪。因为我们日常生活中的情绪起伏，都会不可避免地影响周围的人；喜怒无常，也会破坏别人对自己的信任。一个女人的高情商，不在于巧舌如簧，也不在于热情开朗，而是做一个情绪的掌控者。

懂得做人，有时候比懂得做事更重要。即使一个女性不精通为人处世之道，至少也要学会控制情绪，而不要让情绪控制自己。

那么，如何才能做情绪的主人，不被它所绑架呢？

1. 生气的时候，不要急着表达自己的观点，更不要流露出愤怒的情绪来。要始终面带微笑。在初期这可能很难，不妨强迫自己，强颜欢笑也比出口骂人好，到最后我们就可以很自然地做到在任何时候面带微笑，不温不火。这样既可以表现出自己的素质和修养，同时也避免了被情绪冲昏头脑。

2. 冲动的时候不适合做任何决定，也不要急于把自己的决定告诉别人。因为在不理智的前提下，我们考虑问题和做事情都是不冷静的，很多时候我们翻江倒海的一番心里挣扎，可能一觉过后就豁然开朗，而冲动之下的决定，往往会令自己后悔。

3. 与人起争执时，要就事论事，不要转移话题或者进行人身攻击，这是最不可取的。在谈话的时候，不管你多激动，请保持好自己的语速和音量。语速要不急不缓，音量让人听见就好，不要跟人比嗓门，这是最没有涵养的行为之一。

4. 任何让我们情绪激动的事情，都用一个"十年眼光"去看待。这是我经常使用的一个方法，眼下这件让你气愤或难过的事情，放在十年之后，你是否还会那么在意它呢？想想年少时期为之痛哭或者抓狂的事情，现在是不是只会淡然一笑？

5. 自我转化。有时，不良情绪的产生是不易控制的，如果我们实在无法抗衡这种强大的力量时，就必须采取迂回办法，把自己的情感和精力转移到工作学习或活动中去，使自己没有时间沉浸在坏情绪之中，从而将情绪转化掉。

6. 幽默疗法。幽默与欢笑是情绪的调节剂。它能缓冲恶劣的情绪。幽默给人以快乐，使人发笑，而笑可以驱散心中的积郁。当然，要真正做到遇事不怒，还得从平时加强自我道德修养、培养良好性格、保持乐观向上的精神等入手，这样才能够防"怒"于未然。如果你实在极度愤怒，那就试着微笑吧。

7. 适当释放。消除不良情绪最好的方法莫过于使之"宣泄"。切忌把不良情绪埋于心里。如果你悲痛欲绝或委屈至极时，可以向至亲好友倾诉，也可以运动发泄，或者拿起笔将自己的不满和苦恼写在纸上，这样心里会好过一些。

需要澄清一个误区，有些人认为，控制情绪就是喜怒不形于色，就是压抑自己，那是完全错误的。因为情绪不会因为压抑而消失，反而是越压抑反弹越大，一旦找到出口就如同冲破闸门的洪水，破坏力之大难以预计。控制不等于压抑，而是要把握住一个"度"，当收则收，当放则放，收放自如，进退得宜，才能称之为控制。

总之，事事平静淡然，才能在生活中做到泰然自若。这种优雅是体面的，强大的，不可替代的。

美是力量，微笑是它的剑

在 QQ 流行的青春时代，我看过最多的 QQ 说说就是关于微笑的。

"每天早上对着镜子微笑，我发现今天的我更帅了！"

"生命不止，微笑不息。"

"如果你想哭，那就大声哭出来；如果你想笑，那就微笑着继续前行。"

"你用微笑迎接人生，人生用幸福回报你。"

"微笑是女孩最美的标志，我要做最美的女孩。"

……

我想，青春之所以美好，是因为青春的笑最灿烂最张扬，也最是随处可见。没有哪一个年龄阶段的人不喜欢微笑，或者说，应该没有人不喜欢微笑，因为微笑是世界上最美丽的表情，也是世界上最动听的语言。微笑之于女性，更是锦上添花，如果美是力量，微笑就是它的剑。

达·芬奇的著名油画《蒙娜丽莎》一定是大家所熟悉的了。画中蒙娜丽莎的微笑究竟意味着什么，至今还是一个谜。多少年来，古今中外的众多学者、画家、评论家们无不想要揭示谜底，掀开这层蒙在蒙娜丽莎脸上的神秘面纱，然而，没有一种结论能够得到大家的一致首肯。

由此可见，女性的微笑复杂而又令人难以解释。很多幽默、机智、欢悦、温柔，甚至于讽刺挖苦、蔑视等感情，都可以用微笑的方式表现出来。古龙有句话说，笑得甜的女人，运气都不会太差。我以为，他代表了大多数男人的看法。

笑容，对于一个女人来说，是一种强大的力量，它可以化解各种矛盾，缩短人与人之间的距离，打破尴尬，赢得尊重，获取自信。

当笑成为生活中的常态，长在了一个女人的脸上，她就获得了这股力量，能够坦然面对生活中的各种坎坷。

我有一次遇到一个刁难我的客户，因为她误解了我们的工作流程，导致出现一些错误。当她气冲冲地赶过来不停地指责埋怨我时，我一直保持微笑的姿态，认真地倾听她的抱怨，然后表示歉意。在我的笑容下，她终于意识到自己的态度有些过分，怒火也消去了一大半，这个时候我再详细解释给她听，还提出了解决方案，最后问题得以圆满解决。

想象一下，我要是跟这位客户针锋相对，会是什么样一种结果呢？虽然逞了一时的口舌之快，可不仅不能真正地解决问题，还流失掉了珍贵的客源，甚至可能造成口碑上的负面影响。实在是得不偿失。

在这个大千世界，笑容是唯一一门不分国界，不分种族，不分高低贵贱的语言，它是开启善意的一把钥匙。

比如在人生地不熟的城市，人与人之间的信任是非常薄弱的，但是有时候一个微笑就能打破僵局。比如初到新的公司或部门，微笑往往会给人平易近人感和善良感，这个时候懂得微笑的女性会更快地融入新的环境中。用笑容来面对未知的人和事物。

人们常说女人是一道亮丽的风景，犹如春天的温馨恬静，秋天的硕果累累，夏天的热情奔放，冬天的冰清玉洁。爱笑的女人把万千柔情，演绎得各有不同。岁月带走的是青春容颜，却带不走那颗鲜活的童心。

生活中，我们不断地以微笑暗示自己，学会在内心微笑，学会对别人微笑，学会对生活微笑，学会对生命微笑。当微笑真正成为我们的人生态度时，那将是一种对生活的巨大热忱和自信，是一种高格调的真诚与豁达，是一种直面人生的成熟与智慧。

02

生活细碎，万物成诗

有一次和朋友去饭店吃饭，邻桌是一对中年夫妇。丈夫拿起菜单点菜，每点一个菜，都会招遭到妻子的反对。

"蚂蚁上树要39块？抢钱吧？几根粉丝几粒肉末才多少钱？"

"梅菜扣肉要58？一斤五花肉了不起十几块！这也太黑心了！就这个菜的钱都够我们在家吃一天了。"

最后丈夫生气了，干脆菜也不点了："你嫌贵咱们就回家吃吧，太扫兴了！以后再也不带你出来吃饭了。"

其实，不管丈夫带妻子上饭店吃饭的初衷是什么，是觉得妻子一日三餐烧饭太累想让她休息一下，或是吃腻了妻子烧的饭想换换口味，或单纯的就是想在外面吃一顿……既然两个人坐上了饭桌，就应该开开心心地吃好这一餐，成全丈夫的心意。看妻子的穿着打扮，想来也是一位贤妻良母，平时应该很少在外面吃饭。不过这下好了，丈夫可能真的不会带她出来吃饭了。

你说，几十块钱的家常小菜，真的是吃不起吗？当然不是，女人不过是嫌它不划算罢了。她不知道，自己的丈夫吃的是心情。如果事事都要讲划算，外面的店铺可能都不会有生意。生活中，扫兴的妻子有很多，当然，也不乏扫兴的丈夫。但是，从我作为男性的角度来看，一个女人不捧场就罢了，如果还总是打击对方的兴致，那就着实不可爱了，两个人的日子过着也很无聊。

汪曾祺在《四方食事》里说："生活细碎，万物成诗。"虽然我们大多过的是寻常生活，重复着一件件琐事，经营着平淡的日常。可是在这生活的细碎中，也会有很多不经意的美好和温暖点缀着这凡人的烟火，值得我们去捕捉和收藏。这就是生活的情趣，是我们用自己的方式去诠释的对这个世界的善与爱。如果失去了情趣，可以想象生活是多么压抑和艰难。

要实用，也要审美

我想起曾经看过的一个故事。

一个女孩在外贸公司上班，单位经常有人午餐带饭。特别是一位男同事，几乎天天带饭，因为他妻子做的饭菜实在太美味了，而且卖相不错，所以把他的胃养刁了，偶尔单位聚餐，他会觉得外面的美食不如妻子的手艺。同事们出于好奇，纷纷去品尝他带的午餐，果然又好看又好吃，没有大油大盐却令人齿舌生香。于是大家直呼不过瘾，都吵着要去他家吃个痛快。男同事和妻子也热情地邀请大家去家里聚餐。

那一餐大家总算吃过了瘾，就连土豆、豆角、茄子这些最普通的食材，经过同事妻子的巧手烹制，都变得色香味俱全。可唯一美中不足的是，那些盛菜的器具实在太过寒酸，装水果用不锈钢盆、装汤用小铝锅、装蘸料用塑料碟……真的有点影响观感和食欲。

结果大家离开同事家之后，讨论的不是饭菜如何美味可口，而是吐槽他家的餐具太过随意和粗糙。

"现在超市里的盆呀盘呀碟儿呀那么好看，还不贵，真不明白他家为什么专门挑最土的。"

"可能觉得不锈钢和塑料的实用吧，耐摔啊！"

"谁没事去摔盘子、碟子啊？哎！"

当时看了这个故事，我觉得太真实了，这不正是妈妈辈日常生活的真实写照吗？过去生活艰苦，老一辈大多追求的是吃饱穿暖，没有条件讲求审美，可是若说年轻一代也这样，我倒是觉得有点不可思议。可能出于职业的敏感，我个人觉得"美"是多么美好的事情。如果有条件讲究美，简直是毫无理由弃权啊！

如果衣服只要能蔽体、饭菜只要能果腹、房子只要能住人、盘子只要能装菜，那么，何必追求文明的进步呢？何必去谈什么艺术呢？我觉得，既然现在生活好了，我们是不是应该在基本的衣食住行上追求赏心悦目呢？在我看来，审美不仅仅是一种附加的体验，而是生活中的必要元素。因为审美体验可以赋予生活更多的乐趣和意义，它不仅仅是物质层面的满足，还关乎精神层面的愉悦和内心的充实。

木心先生说："没有审美力是绝症，知识也救不了。"有的人审美力强，即使只是流水线上的女工，看起来也使人如沐春风；有的人虽然是高级知识分子，但是审美力差，看起来也会差了那么点儿气质。当然，别人觉得你看起来怎么样并不重要，重要的是你自己和身边人的感受。

一个懂得审美的人，无疑更加热爱生活。不管她处于什么年龄，从事什么工作，与什么人一起生活，她都兴致勃勃。不管是自己还是家人的衣物和用品，或是家里的绿植和锅盆碗盏，她都拒绝凑合或粗糙。她会精心挑选家里的每一样物品，既不哗众取宠，也不落入俗套，琐碎平常的日子被她过得像诗一样。如果让我对她做出评价，我只会说三个字——有品位。

有人可能立刻反驳我说，那是有钱人的活法儿，我没有什么钱，装什么品位。

错错错，审美和钱的关系不大。大金链子贵吧？可我并不觉得戴上它就有品位了。女性要想提高自己的日常审美，不是拿钱堆出来，而是用心去尝试和领悟，重要的是敢于做出改变。例如：

1. 了解个人喜好：首先，了解自己的喜好和风格是关键。知道自己喜欢的颜色、材质、风格等，有助于更有针对性地挑选生活用品。

2. 观察周围环境：细心观察你所处的环境，包括自然景色、建筑、人物、细节等，从中汲取美的灵感和元素。

3. 阅读与学习：通过阅读一些关于色彩搭配、材质、设计原则的基本知识，学习不同的审美观点和知识，使自己更有自信地做出选择。同时，不断尝试新的款式和元素，以拓展自己的审美范围。

4. 参与创作：尝试参与一些创作活动，无论是绘画、摄影、写作还是其他艺术形式，这有助于培养自己对美的敏感度。

5. 照相记录：使用相机或手机，记录下你认为美丽或有趣的事物，从中培养观察和捕捉美的能力。

6. 与他人交流：与朋友、家人或其他人分享彼此的审美看法，从不同角度了解美的多样性。

7. 审视自己的环境：仔细审视自己的家居、工作空间等，考虑如何通过布置和装饰来提升环境的美感。

8. 时刻保持好奇心：保持对新事物和新经验的好奇心，不断探索和尝试，从中发现更多美的可能性。

总之，通过不断观察、学习和尝试，你可以逐渐提高日常生活的审美，打造出更具个性和更有品位的生活方式，使自己与家人生活得更加舒心。

情趣是可以遗传的

在工作中，我遇见过很多年轻妈妈，她们总是用"一地鸡毛"来形容自己的带娃生活，哪怕孩子不是自己在带。

"自从养了孩子，就完全没有了自己的时间，感觉自己越来越邋遢。"

"孩子就是磨人精，虽然每天有专人带着，可还是有好多事情等着我去解决。我只要一听到孩子叫'妈妈'就头疼。"

"孩子老是吵着要出门，可我最烦带孩子出门，撵都撵不上，比参加运动会还累。"

"带孩子真的是天下最苦的差事，生不完的气不说，还枯燥极了。五岁小孩儿的世界，你说我怎么融得进去？"

可我认识的我们小区的一个妈妈却不是这样的。她的孩子只有三岁，是个小男孩，按理说她也应该正经历"鸡飞狗跳"的带娃模式。可是并没有。

我总看到母子俩手牵手地外出，春天拿着自制的风筝，夏天的夜晚带着空瓶子，秋天提着精致的竹篓，冬天拿两把小铁锹，一大一小有说有笑，兴致高昂。有一次，我还在电影院里碰到了他们，母子二人抱着爆米花，捧着可乐，津津有味地看着热映的动画片。

那次电影散场后，我和孩子的妈妈攀谈起来。她告诉我，只要有适合孩子看的电影上映，她都会带他来看。

"我小时候就是这么过来的。那时候农村时不时有露天电影看，我的父母不管多忙，都会带我去看，而且仪式感十足，每次都要给我穿上漂亮的衣裙。我记得有一次是在中学的操场上看电影，人山人海的。电影散场后，才发现我的皮鞋被挤掉了一只，最后也没有找到。那可是一双非常漂亮的红色皮鞋，还是妈妈托姑姑从城里给我买回来的，那天晚上是第一次穿。不过，我们谁也没有埋怨谁，因为电影实在太好看了，回家路上还沉浸在电影的情节中呢。"

听了她的话，我不禁感慨，原来一个家庭的情趣和氛围是可以传承的。她的父母温暖了她的童年，所以她也不自觉地去温暖孩子的童年。不管是春天放风筝，夏天捉萤火虫，还是秋天采摘果实，冬天堆雪人，这种种趣事不但丰富了孩子的童年，也在他的生命里留下最美好、最难忘的记忆。待他长大成人，他一定会以同样的方式去温暖自己的孩子。

不得不说，妈妈的生活情趣对孩子的影响太大了，它可以：

1. 启发好奇心：妈妈的情趣和兴趣爱好能够激发孩子的好奇心。当孩子看到妈妈对某种活动或领域充满热情时，他可能会对此产生兴趣，并愿意尝试新事物。

2. 培养多样性：妈妈的情趣可以让孩子接触到不同领域的知识和技能，从而培养他的多样性。这有助于孩子在未来的发展中更加全面和富有创意。

3. 积极的榜样：妈妈通过展示积极的情趣和兴趣，成为孩子的榜样。孩子会从妈妈那里学习到如何追求自己喜欢的事物，以及如何保持对生活的热情。

4. 鼓励探索精神：妈妈的情趣鼓励孩子勇于尝试新事物和挑战自己。这种积极的探索精神将有助于孩子培养自信和解决问题的能力。

5. 增强情感联系：当妈妈和孩子共同分享兴趣爱好时，会增强彼此之间的情感联系。共同参与活动可以促进家庭成员之间的交流和合作。

6. 培养独立性：妈妈的情趣鼓励孩子独立思考和行动。孩子可能会在妈妈的鼓励下尝试自己的兴趣，从而培养出独立性和自主性。

7.开阔视野：妈妈的情趣可以带孩子接触到不同的文化、领域和人际关系，从而开阔他的视野，培养正确的世界观。

8.减轻学习压力：当孩子看到妈妈以积极的态度对待自己的兴趣爱好，他可能会在学习和生活中感到更轻松和愉快。

总之，妈妈的情趣对孩子的成长和发展有着积极的影响，能够激发孩子的潜力、培养他的兴趣和品位，并促进积极的家庭互动。

如何培养不贵的情趣？

王小波在《万寿寺》中写道："一个人只拥有此生此世是不够的，他还应该拥有诗意的世界。"

有人说，下雨天撑一把伞走在雨里，多么浪漫；有人却说，讨厌下雨天，因为路上有泥。有人说，爬山真好，一览众山小；有人却说，爬山真累，自讨苦吃。

讲究情趣的人，一草一木都有了思想，一饮一啄都有了灵魂，万事万物在他眼里皆有情有趣，精致动人。他们总是能把最平淡的日子，过出美感来。

是的，生活可以平淡，但不能没有情趣，尤其是女性。生活的本来面目就是柴米油盐和烦琐杂事的交响曲，如果一个女人没有一颗热爱生活的心，没有在庸常生活中挖掘美好的能力，她就很难在生活中找到真正的乐趣。而一个有生活情趣的女人，不仅她自己活得更开心快乐，更容易悦纳美好，对家庭氛围的调节也特别有帮助，家庭成员的幸福感也会更高。

懂情趣的女子，不会刻意追求生活万物的实用，而会给生活安排一点无用的消遣与享乐，使家人感觉生活妙趣横生。

她们也会给自己留出时间和空间，看长河落日，煮酒听雨，焚香打坐，自娱自乐。日复一日地经营家庭，难免看到生活露出粗俗的一面，她们不会心生厌弃，而是"铺锦添花"，将生活过得有滋有味，充满诗情画意。

有人可能担心情趣成本太贵，其实，只要在家里进行一些简单而务实的活动就可以增强审美情趣。以下是一些不需要太多成本和精力的具体建议：

1. 培养兴趣爱好，如园艺、手工艺、摄影等，将这些爱好融入日常生活，从中汲取乐趣和满足感。

2. 重新布置家居空间，选取合适的家具、装饰品，创造温馨的环境。

3. 学习书法、临字帖，用笔墨书写文字，感受汉字的优美和历史韵味。

4. 泡一壶香茗，品味茶香。

5. 在家中种植植物、养花草，照料植物的过程也是一种美的体验。

6. 阅读诗歌、散文，或者尝试写下自己的思考和情感，培养文字表达的审美。

7. 欣赏古典音乐、爵士乐或其他优美的音乐，让音乐的节奏带您进入心灵的宁静。

8. 精心做好每一餐饭，并尝试新的烹饪菜肴，注重摆盘和食材搭配，享受烹饪的乐趣和视觉盛宴。

9. 进行室内瑜伽、冥想练习，帮助身心放松和平衡。

10. 多出去走走，进行有氧运动。

这些活动不仅可以提升女性的审美情趣，还可以为您的生活增添更多的乐趣和美好。重要的是，根据自己的兴趣和喜好，找到一种适合自己的方式来感受和欣赏生活中的美。

03

爱自己是终身浪漫的开始

我经常接触一些女性，发现她们把家人照顾得很好，不仅把家里打理得井井有条，一日三餐从不落下，菜色极尽丰富，卖相极尽精致，而丈夫和孩子也每天穿得干干净净、整整齐齐，怎么看怎么舒服。可是反观她们自己呢？则随意多了。不化妆、不健身，连裙子也不爱穿，说是穿裙子做家务不方便。我从来不是以貌取人的人，也不会因为自己是个造型师就视穿着随意者为异类，我只是觉得这样的女性明明是家里的大功臣，却活得最没有存在感，难免有些为她们感到遗憾。

有一次，我们小区一位熟识的女士向我诉苦，请我给她做一次造型。原来，孩子第二天有家长会，但是孩子明确提出，让爸爸去参加，可是爸爸要出差，去不了，所以孩子才松口让妈妈去，但有一个条件，希望妈妈把自己捯饬一下。

这位女士觉得很受伤，因为孩子的行为就是明目张胆的嫌弃。我劝她说，这个年龄的孩子都有自己的审美观，他们只是比较随大流而已，并不是真的嫌弃自己的妈妈。而且我觉得，把自己打扮精神一点去参加家长会没有什么不妥啊，反而是对孩子的看重和对老师的尊重。

女士听了后，才些许释怀，喃喃自语道：看来我平时是该收拾打扮一下自己，不然以后还要被孩子嫌弃。但是，我一天跟个陀螺似的转，哪有时间管自己啊。

我笑着告诉她，时间挤挤总是有的。关键是要有爱自己的心，要学会留一点时间给自己。

这其实也是很多中国女性的真实写照，她们整天围着孩子老公转，唯独对自己全然不在意。女性通常以博爱为特点，她们热爱家人、孩子，但有时候却忽略了对自己的爱。但她们不知道的是，要想得到他人的爱护和尊重，首先就要学会爱自己。正如人们所说，爱自己是终身浪漫的开始，而天性追求浪漫的女性们，怎么可以不好好爱自己呢？

爱自己，不仅仅是为了他人的眼光，也是为了自己的内心健康和幸福。当你懂得关心、照顾自己时，你会更加自信和愉快地面对生活的各个方面。自我爱护也能帮助你更好地处理压力，更好地与他人相处。爱自己不是自私，而是建立一个强大的内心，使你更能够为家人、孩子和社会做出积极的贡献。

那么，女性应该如何爱自己呢？爱自己意味着你认识到自己的价值和重要性，富养自己则是爱自己的实际行动。

作家苏岑说："女人就要富养自己，你身上所有的焦虑和戾气，都是亏待出来的。不想被俗世浸透，那从现在开始，先爱上自己。我们要对自己足够好，才能一直优雅到老。"

需要说明的是，富养自己绝非欲望的餍足、物质的奢侈，它是一个全面的、积极的、有意义的过程。它涵盖了身体、心灵、情感和社交等多个方面，要求你不断地进步、成长，以实现更加丰富、有意义的人生。简单来说，富养自己就是舍得对自己投入时间、金钱和功夫，以使自己能够拥有美好的形象、良好的素养和技能。

富养你的形象

村上春树曾说："肉体是每个人的神殿，不管里面供奉的是什么，都应该好好保持它的强韧、美丽和清洁。"

个人形象在社交和人际交往中具有重要的作用。它不仅是对外界展示自己的方式，更是表达内心状态和生活态度的一种方式。

良好的个人形象能够反映出一个人的自信、自律和积极的生活态度，进而产生积极的影响。无论是面试还是社交场合，人们往往首先通过外在的形象来对他人进行初步评价。

比如，两个同样优秀的女孩去参加同一个工作岗位的面试，如果只能两者取其一的话，被录取的往往是外形条件相对来说更好的那一个。这并非肤浅，而是人类天性中的一部分，因为外貌往往是内在特质的外化。正如杨澜所说："没有人有义务必须透过连你自己都毫不在意的邋遢外表，去发现你优秀的内在。"

形象首先指一个人的外表。外表是最容易被人注意到的部分。匀称健美的身材、适合整体形象的发型、得体的妆容，良好的个人卫生、健康的皮肤等，都会对外表产生积极的影响。

其次，优雅的仪态和得体的举止对于塑造一个人的形象也是至关重要的。它包括：

1. 站立和坐姿：保持站立挺拔，不垂头丧气。坐下时，保持端庄的坐姿，不摆弄东西或跷腿。

2. 微笑与眼神接触：微笑是一种友好的表达方式，能够让你显得更亲和。与人交流时，保持适当的眼神接触，表现出诚意和自信。

3. 姿态和手势：优雅的姿态可以体现出自信和舒适。避免过多的杂乱手势，尽量保持轻盈自然的动作。

4.**言谈举止**：用礼貌的言辞和声音适度的音量与人交流，避免咄咄逼人或声音过大。

5.**注意礼仪**：尊重他人，尊重场合，遵循适当的礼仪规范，如适时地问好、道谢、请教等。

6.**穿着和妆容**：选择适合场合的服装，不仅仅是款式，还包括合适的颜色和搭配。妆容应该简约自然，突出你的优点。

优雅和得体的举止不仅是展现自己的方式，也是对他人的尊重和体现。

最后，良好的形象不仅体现在外表、仪态和行为举止上，它还包括气质、自信、精气神等多种元素。

精神状态的好坏会影响到面部的表情、眼神的明亮，从而影响整体的形象。愉悦、积极、自信的内心会使容颜更加明艳。

而气质则是由内而外散发出来的，涵盖了思想、品位、情感等多个层面。一个内心充实、修养良好的人，无论是年轻还是年长，都能在言谈举止中展现出独特的魅力。气质是一种与年龄无关的美，它是经过时间洗礼后的真实呈现。

因此，富养形象并不仅仅是在外表上的表现，更是一种内在的修炼和提升。通过培养自己的内心世界、塑造自信的态度、保持整洁的外在形象，才能真正散发出独特的魅力，让自己的形象变得更加健康和赏心悦目。

富养你的能力

李玲是一位 23 岁的创业者，她一直梦想着开一个属于自己的咖啡馆。为此，她遭到身边朋友和亲人的劝阻。大家说，像你这个年龄的女孩子，正是享受青春的年纪，何必要去操心受累呢？再说了，创业这种事，等你以后结了婚再说，最好是交给另一半去做。

对此，李玲不置可否。她虽然并不富裕，但她有着坚定的信念和创业的激情。她知道，一个女人仅仅依赖别人过活是不行的，必须富养自己的能力，即使有朝一日过得并不幸福，也还有一技傍身。所以，她决定通过提升自己的能力来实现梦想。

首先，李玲开始学习咖啡制作技术，报名参加了专业的咖啡培训课程。她每天花时间练习制作各种咖啡，不断改进自己的技艺。同时，她还学习了餐饮管理和客户服务知识，为未来的咖啡馆经营做准备。

此外，李玲深知创业不仅仅是技术，还需要市场营销和商业策略。她自学了营销和管理课程，了解了如何吸引顾客和宣传自己的咖啡馆。她还主动参加创业大赛，向专业人士展示自己的创业计划，获得了一些投资和支持。

做足前期准备以后，李玲开起了她梦想中的咖啡店。虽然在创业过程中，她遇到了许多挑战，但她从不放弃。她通过自己的坚持和努力，逐渐积累了一批忠实的顾客，咖啡馆的生意越来越好，最终成为当地的热门场所。人们喜欢光顾她的店，不仅因为美味的咖啡，更因为她对细节的关注和周到的服务。她的坚持和自身的能力让她的梦想成为现实，同时也为她赢得了人们的尊敬和认可。

李玲的故事告诉我们，富养自己不是坐享其成，而是通过自己的努力提升自己的技能、知识和毅力，以此富养自己的能力。

女性在与他人交往时，依赖他人提供金钱或资源难免引起不满和矛盾，因此必须培养自己的能力。在现实世界中，有些东西是永远不能被他人夺走的，比如你所具备的技能、生存的本领和智慧，以及经过苦难后的坚忍毅力。

真正的富养来自自身的能力和努力，不害怕失败，不依赖于他人，而是通过自己的奋斗和努力来取得成功。具备了足够的能力，你将会获得他人的尊敬和认可，不需要在他人面前低头。你要明白，自己的能力是最可贵的财富。

因此，富养自己的能力是最为重要的，它不仅让你独立自主，也让你在人际关系中更加自信和有尊严。不要只依赖他人，而要通过自己的能力来塑造自己的未来。

富养你的精神世界

女人似花，明艳动人的外表固然能吸引他人的目光，但关注力是否长久，则与她的内在品质息息相关。

有的女人，珠围翠绕，满身名牌，但倘若没有这些加持，便庸俗不堪、四体不勤。

有的女人，出身平凡，行事低调，但通晓义理、博学善建，根本不需要华冠丽服就能折服人心。

一如精心浇灌才能孕育出果实那样，优秀的女性也离不开精神的富养。如果一个女性只知道整天围着锅台转，没有自己的空间和爱好，更没有自己的思想，那她可能会感到精神上的萎缩和贫瘠，生活也会失去生气和乐趣。

生活不应该只有眼前的琐事，还应该有诗和远方。只有拥有了内心的诗意，生活才能更加丰富和精彩。如果只有物质而缺乏精神上的滋养，就像虽有饭菜但索然无味一样，人的精神就会变得平庸和贫瘠。

所以，不管你处于哪个年龄阶段，请一定要给自己留出时间来追求诗意、远方和内心的丰富。只有在内心世界的充实和滋养下，你的生活才会充满活力和意义。

一个精神富有的女性，一定会有属于自己的兴趣和爱好，她的世界中除了工作、伴侣和孩子，还应该有一方属于自己的秘密花园。不论闲暇时，孤独时，寂寞时，伤感时，都因自己的特长和爱好而不至于被漫漫人生消磨尽那股优雅灵动之气。

1. **这个爱好可以是看书**：在德国和法国，最多的就是书吧，无论是在咖啡馆、地铁还是餐厅，随处可见女性朋友捧书阅读的身影。她们在书中领悟生活，陶冶情操，气质修养也在书卷之中一次次得到升华。容颜会随岁月流逝，但智慧，却能让美丽得到永恒。

2. **这个爱好可以是绘画**：女性可以跟着孩子从基础学起，也可以买一些教材开始尝试，不为名利、不为结果的努力，会给自己一种意想不到的快乐。而且，绘画对于色彩敏锐度的提高以及审美品位的提升也大有帮助。当我们随手用一些简单的线条或一抹色彩来表达自己的心情时，那也是一件非常美妙的事儿呀！

3. **这个爱好可以是一门乐器**：西方女子，哪怕只是普通工薪家庭的小孩，都会学习几样乐器。乐理知识的沉淀和音乐的熏陶，会让女性的优雅之气更加灵动，所以很多西方女性身上会自然流露出一种脱俗的优雅韵味来。

学习一两样简单的乐器，比如吉他、钢琴、陶笛、小提琴之类，都可以很好地陶冶情操。想象我们徜徉在音乐的世界里，流溢着不俗的品位，举手投足间所散发的高贵气质，真的是一件受益匪浅的爱好。

4. **这个爱好可以是瑜伽**：这是很多女性都非常喜欢的一项运

动，它不仅能保持内心宁静，还能很好地维持身材，帮助女性身心排毒。你会发现，每次上完瑜伽课，大汗淋漓后的脸色真的明媚动人。

5. 这个爱好可以是烹饪：没有什么比美食更让人愉悦和热爱自己的了。烹饪是一种放松的方式，让女性从日常的压力和烦忧中暂时解脱出来。专注于食材和烹调过程，让心情变得平静和舒缓。烹饪也是一种表达关怀和爱意的方式。女性通过为家人、朋友或伴侣准备美味的食物，传递出深情厚谊，让人感受到被重视和爱护。

6. 这个爱好可以是插花：如果说有什么爱好既可以让人赏心悦目，又能修身养性，我一定会推荐插花。插花，既是一种艺术又是一种装饰。同时花也是一种美的意境，与花相伴，怡然自得。禅和花，相生相近，相辅相成，花的形态能渲染空间的氛围，禅的生命枯荣能捕捉自然的瞬间。一件赏心悦目的插花作品，都是以花的形态来渲染一种空间的韵味，花的生命荣枯来捕捉自然真实的瞬间，传递女性的艺术感悟，让人得到精神上的共鸣。

总之，不管你是什么年龄阶段的女性，一定要发现自己的特长，培养一两个兴趣爱好。广泛而健康的兴趣爱好是优雅女性可以恒久散发魅力的秘密武器。

04

管理不好身材，何以管理人生？

　　这是本书的最后一篇文章，也是我的有感而发。身为一个还算成功的造型师，我自认为在使女性变美这件事情上，我虽然没有化腐朽为神奇的力量，但我的招数还算是层出不穷的。然而，有一个困扰很多美丽女士的问题，也同样束缚了我的"妙手"，那就是女性关于身材的缺点。

　　这里我说的只是胖瘦、形体而不包括高矮，因为高矮是天生的，不是人为造成也不是人为可以改变的，所以不能算是一个人的缺点。

　　一个人的皮肤状态、发型、衣着、仪态、行为举止都可以人为进行改造，唯有身材只能靠自己努力。有一句话很诛心，但我觉得有那么点道理：一个人连自己的身材都管理不好，何以管理人生？

这句话可能听起来有些严格，但其中包含着一个深刻的道理：身体的健康管理反映了一个人对自己生活的态度和能力。

身材的管理不仅仅关乎外表，更关系到健康和积极的生活方式。如果一个人能够自律地保持身体的健康和体态的优美，那么很可能她也能在其他方面有同样的自律和管理能力。身体的健康管理需要坚持锻炼、合理饮食和保持良好的生活习惯，这些都需要自我管理和决心。

因此，我们可以说，身材的管理是一个对自己的生活负责的表现。通过努力保持健康的身体，我们也在培养自律、积极和负责任的生活态度，这对于整个人生的管理和发展都是至关重要的。

女人的体态美到底有多重要，举目四望，无数女性在追求瘦追求健美的大流中就能感受一二。女人的气质再温婉动人，如果没有优美的体态，仍然是一种遗憾。一个在各方面都很出色的女人，如果身材不尽如人意，她优雅的形象也会大打折扣。

随着年龄的增长，女行的肌肉含量每年都在流失，再加上生育，体重增长几乎是所有女性都不得不面对的苦恼。这时候，管理好我们的体重成了保持优雅外在形象最基本的要求。

市面上管理体重、塑造好身材的方法可谓五花八门，但是不管哪一种方法，本质上都脱离不了一个原则：总摄入量和总消耗量。

只有当人体每天摄入的热量低于我们每天消耗的热量时，才能达到瘦身的目的。如果要保持，就让两者处于一个基本平衡的状态就可以了。

但是，大多数女性都在减肥的道路上苦苦挣扎，而且走了不少弯路，健康遭受损害，体重甚至增长更快，这都是没有科学管理体重的后果。下面，我给大家提供一组科学管理身材的方法。

第一，了解自己的身体

要做好科学管理自己的身材，就一定要树立正确的态度，要知道世界上胖子那么多，减肥真的是靠一天几个苹果或者天天几杯酸奶就能达到目的的吗？别做梦了，所有的美丽都是建立在健康的基础之上，所以在减肥这件事上，我们也一定要明白，健康第一，随之而来的才是美丽。

首先要明白自己是哪一种胖。很多女孩其实并不胖，只是体脂率比较高而已，在这种情况下一味地节食做瑜伽跑步是没什么作用的，甚至可能使我们的肌肉含量下降更快，皮肤松松垮垮，即使瘦了也不好看。

所以在行动之前，我们一定要搞清楚自己的体重是不是在合理范围内。大家可以参照下面的数据给自己一个初步的评测。

国际通用的人的体重计算公式，以及身材比例计算公式：

标准体重（男）=（身高 − 100)(cm) × 0.9(kg)

标准体重（女）=（身高 − 100)(cm) × 0.9(kg) − 2.5(kg)

超 重：大于标准体重 10% 小于标准体重 20%。

轻度肥胖：大于标准体重 20% 小于标准体重 30%。

中度肥胖：大于标准体重 30% 小于标准体重 50%。

重度肥胖：大于标准体重 50% 以上。

标准体脂肪：体重指数 BMI= 体重 (kg)/【身高 × 身高 (m)】

正常女子 BMI 指数在 19 ~ 24 之间。

看看你属于哪一种，然后再给自己制订合理的计划。

第二，科学的饮食

上面说到，只要做到"摄入热量"低于"消耗热量"，体重就会呈下降趋势。所以不要过度减少热量的摄入，这样会使身体的基础代谢跟着降低，还容易反弹。我们要做的是，把每天摄入的热量控制在合理范围，同时保证全面的营养，这样才能瘦得更健康持久。

添食物前，等待 10 分钟

你的胃需要一定的时间才能给大脑"我已经吃饱了"的信息，所以细嚼慢咽有助于在大脑得到指令前避免吃下多余的食物。等待 10 分钟，如果你仍然觉得饿的话，就用蔬菜和水果沙拉来补充吧。

高蛋白，少碳水

中国人的饮食结构都是碳水化合物比较多，通俗一点就是以主食为主，蛋白质类的食物则偏少，这是一种很容易引起发胖的饮食习惯，想要做到不挨饿地瘦下去，不妨增加高蛋白质类食物，比如鱼、虾、鸡胸肉等的摄入，每天减去一顿主食，用粗粮或者蔬菜代替，一段时间后，皮肤也会变好。

把握饭后黄金时间

科学研究显示，饭后 45 分钟是减肥的最佳时间。因为这个时候正好是小肠开始对食物进行分解吸收的时间，因此，这时我们的血糖浓度会逐渐上升。吃完饭后不要马上坐下，站立 30 ~ 45 分钟，或者可以散一下步。

第三，快乐的运动

运动瘦身永远是不变的真理，没有人可以靠饿着躺着养出一个健康优美的身材来的，所以每个星期保持三次以上的运动，每次运动不能低于 45 分钟。但是要注意运动的方式以及科学合理的搭配。

不少人运动的时候很容易"埋头苦干"，就是一个劲地锻炼、流汗，让自己喘不上气，以为这样就能够达到快速瘦身的效果。殊不知，这个过程中你的心跳并没有变快，而且吸取的氧气不够，做了很多效果不佳的无氧运动，没有真正运动到身体而加速脂肪的燃烧，只不过是将身体里的水分消耗成了汗水排出体外，等你喝了足够的水之后，体重又噌噌地升回来了。

要知道，我们脂肪的消耗需要一个漫长的过程，等你运动后感到全身发热并且微微出汗时，你的脂肪才刚刚进入燃烧状态，而这个过程需要 15 ~ 20 分钟，这就是热身。想要减肥的女性们，不要以为一运动就会消耗脂肪，没有超过一定时间是不会消耗脂肪的。所以，一定记得要提前热身，这样会催促脂肪进入燃烧状态。

另外，结合一些适量的力量训练，会使我们的身材更加紧致迷人。保持健美的身材需要毅力，那些能做到的优秀女性在自我克制和自律方面都会比较突出，而仅仅这两点就会让她们与普通大众拉开距离。女人身形健美，不仅仅是为了取悦别人，满足这种虚荣感，更是对自己、对健康、对家人的一种负责。